普通高等教育"十一五"国家级规划教材

河南省首届优秀教材一等奖

 河南省"十四五"普通高等教育规划教材

 高等学校计算机教材建设立项项目

高等学校计算机教育系列教材

大学计算机基础（第6版）应用指导

翟萍　王贺明　主编
张魏华　郎博　赵丹　参编
刘钺　王军锋　宋瑶

清华大学出版社
北京

内容简介

本书是《大学计算机基础》(第6版)(ISBN 978-7-302-61639-9)的配套教材。书中包括计算机基本操作、计算机硬件系统维护与故障处理、Windows 7 操作系统、办公软件应用实例、数据库技术基础、计算机网络操作基础、Dreamweaver 的使用、Python 简单应用、常用工具软件介绍、SPSS 统计分析软件等内容的上机练习、综合练习及参考答案。

本书可作为普通高等学校计算机公共基础课程的辅助教材,也可作为培训和自学辅助教材。

本书封面贴有清华大学出版社防伪标签,无标签者不得销售。
版权所有,侵权必究。举报:010-62782989,beiqinquan@tup.tsinghua.edu.cn。

图书在版编目(CIP)数据

大学计算机基础(第6版)应用指导/翟萍,王贺明主编. —北京:清华大学出版社,2022.8(2024.9重印)
高等学校计算机教育系列教材
ISBN 978-7-302-61654-2

Ⅰ.①大… Ⅱ.①翟… ②王… Ⅲ.①电子计算机-高等学校-教学参考资料 Ⅳ.①TP3

中国版本图书馆 CIP 数据核字(2022)第 144415 号

责任编辑:汪汉友
封面设计:常雪影
责任校对:李建庄
责任印制:刘 菲

出版发行:清华大学出版社
　　　　网　　址:https://www.tup.com.cn,https://www.wqxuetang.com
　　　　地　　址:北京清华大学学研大厦 A 座　　　邮　　编:100084
　　　　社 总 机:010-83470000　　　　　　　　　邮　　购:010-62786544
　　　　投稿与读者服务:010-62776969,c-service@tup.tsinghua.edu.cn
　　　　质量反馈:010-62772015,zhiliang@tup.tsinghua.edu.cn
　　　　课件下载:https://www.tup.com.cn,010-83470236
印 装 者:三河市东方印刷有限公司
经　　销:全国新华书店
开　　本:185mm×260mm　　　印　张:16　　　字　数:378 千字
版　　次:2022 年 9 月第 1 版　　　　　　　　　印　次:2024 年 9 月第 3 次印刷
定　　价:55.00 元

产品编号:089452-01

编 委 会

名誉主任：陈火旺

主　　任：何炎祥

副 主 任：王志英　杨宗凯　卢正鼎

委　　员：(按姓氏笔画为序)

　　　　　　王更生　王忠勇　刘先省　刘腾红　孙俊逸

　　　　　　芦康俊　李仁发　李桂兰　杨健霑　陈志刚

　　　　　　陆际光　张焕国　张彦铎　罗　可　金　海

　　　　　　钟　珞　贲可荣　胡金柱　徐　苏　康立山

　　　　　　薛锦云

丛书策划：张瑞庆　汪汉友

前言

当今世界,科技进步日新月异,现代信息技术深刻改变着人类的思维、生产、生活、学习方式。作为信息技术之一的计算机技术变得越来越普遍,在日常的工作、学习、生活中已经成为和语言、数学一样的必要工具和手段。

"大学计算机基础"是高等学校非计算机专业开设的计算机公共基础课,是非计算机类学生必修的一门计算机基础课程。在教育部大学计算机教学指导委员会的领导下,将计算思维融入计算机基础教学的改革已全面启动。本书在编写上引入计算思维的概念,旨在培养学生用计算思维方式解决思考问题、解决和处理问题的能力,提升学生应用计算机的综合能力与素养。

本书编写的目的是配合《大学计算机基础》(第6版)(ISBN 978-7-302-61639-9)的实践教学,方便教师的实践教学和学生的上机操作与练习。本书对教材内容进行了扩展与补充,汇集了作者长期的教学经验和实践经验,具有理论与实践紧密结合、注重应用、涉及的知识点多、内容丰富、重点突出、叙述简明扼要的特点。

本书最后给出了大量的综合练习,对于进一步拓展知识、巩固知识、提高能力和检测学习效果都十分明显。

本教材第1章由宋瑶编写,第2章由赵丹编写,第3章由张魏华编写,第4章由郎博编写,第5章由刘钺编写,第6章由王贺明、翟萍编写,第7章由翟萍编写,第8章由翟萍、郎博编写,第9章由刘钺、赵丹编写,第10章由郎博编写,附录A、附录B由翟萍、张魏华、王军锋编写。

由于计算机技术发展很快,加上作者水平有限,书中难免有不尽如人意之处,恳请读者批评指正。

编 者

2022年7月

目录 CONTENTS

第1章 计算机基本操作 …………………………………… 1
  1.1 计算机的发展历史 …………………………………… 1
  1.2 计算机硬件的基本配置 ……………………………… 1
  1.3 计算机的硬件拆装 …………………………………… 2
    1.3.1 拆装前的注意事项 ……………………………… 2
    1.3.2 拆卸计算机 ……………………………………… 2
    1.3.3 计算机的硬件连接 ……………………………… 2
  1.4 计算机的启动与退出 ………………………………… 5
    1.4.1 计算机的启动 …………………………………… 5
    1.4.2 计算机的退出 …………………………………… 5
  1.5 键盘及指法练习 ……………………………………… 5
    1.5.1 键盘 ……………………………………………… 5
    1.5.2 键盘指法 ………………………………………… 7

第2章 计算机硬件系统维护与故障处理 ………………… 9
  2.1 计算机维护基础 ……………………………………… 9
    2.1.1 计算机日常保养常识 …………………………… 9
    2.1.2 计算机系统的常规性维护 …………………… 10
    2.1.3 计算机运行环境的日常管理 ………………… 10
  2.2 计算机故障综述 …………………………………… 11
  2.3 计算机常见故障的一般分析和维护方法 ………… 12
    2.3.1 计算机故障的诊断方法 ……………………… 13
    2.3.2 计算机启动故障的诊断与排除 ……………… 14
    2.3.3 计算机正常使用过程中故障的诊断与排除 … 16

第3章 Windows 7 操作系统 ……………………………… 19
  3.1 用 Windows 7 来管理繁杂的信息 ………………… 19
  3.2 打造个性化的 Windows 7 桌面 …………………… 27
  3.3 让 Windows 7 系统高效运行 ……………………… 30
  3.4 Windows 7 系统的安全措施 ……………………… 34
  3.5 Windows 7 的实用小功能 ………………………… 37

3.6　Windows 7 如何连接网络 ………………………………………………… 43

第 4 章　办公软件应用实例 …………………………………………………… 45
4.1　Word 2013 排版实例 ………………………………………………… 45
  4.1.1　文档编辑排版 …………………………………………………… 45
  4.1.2　图形编辑排版 …………………………………………………… 47
  4.1.3　表格编辑排版 …………………………………………………… 53
  4.1.4　毕业论文排版 …………………………………………………… 57
4.2　Excel 2013 数据处理 ………………………………………………… 63
  4.2.1　统计函数应用 …………………………………………………… 63
  4.2.2　查找函数应用 …………………………………………………… 64
  4.2.3　财务函数应用 …………………………………………………… 66
4.3　PowerPoint 2013 综合实例 …………………………………………… 69
  4.3.1　产品销售流程报告 ……………………………………………… 69
  4.3.2　制作国粹——京剧介绍 ………………………………………… 74

第 5 章　数据库技术基础 ………………………………………………………… 79
5.1　数据库分析与设计 …………………………………………………… 79
5.2　查询的设计与实现 …………………………………………………… 86

第 6 章　计算机网络操作基础 ………………………………………………… 111
6.1　浏览器的使用 ………………………………………………………… 111
6.2　无线路由器的安装 …………………………………………………… 112
6.3　双绞线的制作与测试 ………………………………………………… 113
6.4　使用 IIS 配置 Web 服务器 …………………………………………… 115
6.5　使用 IIS 配置 FTP 服务器 …………………………………………… 119
6.6　网络常用命令 ………………………………………………………… 121
6.7　使用 IE 浏览器上网 …………………………………………………… 126

第 7 章　Dreamweaver 的使用 ………………………………………………… 133
7.1　Dreamweaver CS6 概述 ……………………………………………… 133
7.2　创建网页基本元素 …………………………………………………… 136
7.3　网页制作技术 ………………………………………………………… 140
  7.3.1　网页中框架的使用 ……………………………………………… 140
  7.3.2　CSS 样式表的应用 ……………………………………………… 143
  7.3.3　DIV 层的应用 …………………………………………………… 149
  7.3.4　表单元素的应用 ………………………………………………… 150

第 8 章　Python 简单应用 ……………………………………………………… 152
8.1　Python 语言概述 ……………………………………………………… 152
8.2　Python 的安装 ………………………………………………………… 153
8.3　Python 应用举例 ……………………………………………………… 155

第 9 章　常用工具软件介绍 …………………………………………………… 161
9.1　Partition Magic 分区魔术师 …………………………………………… 161

9.2　FinalData 数据恢复工具 ……………………………………………… 162
9.3　系统备份工具 Symantec Ghost ……………………………………… 163
9.4　虚拟机 …………………………………………………………………… 168
　　9.4.1　什么是虚拟机 ………………………………………………… 168
　　9.4.2　虚拟机的用途 ………………………………………………… 169
　　9.4.3　虚拟机及操作系统的安装 …………………………………… 169
9.5　Photoshop 基本操作 …………………………………………………… 170

第 10 章　SPSS 统计分析软件 ………………………………………………… 178
10.1　SPSS 软件概述 ………………………………………………………… 178
　　10.1.1　数据文件的打开和保存 ……………………………………… 178
　　10.1.2　SPSS 的界面和窗口 ………………………………………… 180
　　10.1.3　SPSS 运行环境的设置 ……………………………………… 182
　　10.1.4　SPSS 数据文件的基本操作 ………………………………… 184
10.2　SPSS 基本统计分析 …………………………………………………… 188
　　10.2.1　描述性分析 …………………………………………………… 188
　　10.2.2　描述性分析参数设置 ………………………………………… 190
　　10.2.3　频数分析 ……………………………………………………… 191
10.3　相关和方差分析 ……………………………………………………… 193
　　10.3.1　相关分析简介 ………………………………………………… 193
　　10.3.2　双变量相关分析 ……………………………………………… 194
　　10.3.3　单因素方差分析 ……………………………………………… 195

附录 A　补充练习 ……………………………………………………………… 198
A.1　计算机基本知识 ……………………………………………………… 198
A.2　Windows 及 Office …………………………………………………… 210
A.3　计算机网络 …………………………………………………………… 227

附录 B　补充练习参考答案 ………………………………………………… 242

第1章 计算机基本操作

1.1 计算机的发展历史

通过学习,初步了解计算机发展史,掌握冯·诺依曼体系结构。

具体操作:到图书馆或通过互联网搜索计算机的发展历史;查阅相关资料,了解计算机各发展阶段的代表产品;查阅相关资料,掌握冯·诺依曼体系结构的原理;在互联网上搜索计算机的发展趋势;摘录并整理完成实验报告。

1.2 计算机硬件的基本配置

计算机的硬件系统由主机、显示器、键盘、鼠标组成。除此之外,计算机还可外接打印机、扫描仪、音箱、传声器(俗称话筒、麦克风)、数字照相机(俗称数码相机)等设备。

计算机最主要的部分是主机箱,计算机的主板、电源、CPU、内存、硬盘、各种插卡(例如显卡、声卡、网卡)等主要部件都安装在主机箱中。机箱的前面板上有一些按钮和指示灯,有的还有一些插接口,背面有一些插槽和接口。

具体操作:可以到计算机市场进行实际调研,识别主板的类型、主流CPU的一些性能指标(例如主频、二级缓存等)和各种类型CPU的定位,了解内存的一些性能指标(例如容量、存取时间等)及其品牌,了解硬盘的参数和品牌,了解显卡的性能指标、显示器的性能指标和价格,了解键盘和鼠标的分类以及价格差异,了解外部设备(音箱、打印机、数字照相机、优盘、移动电源等)的选购技巧,摘录并整理完成实验报告。

要求:初步了解计算机硬件的各个组成部件;熟悉计算机各个部件的选购;能根据需求制定经济、实用的购机方案。

1.3 计算机的硬件拆装

1.3.1 拆装前的注意事项

在拆卸计算机前,应该注意下列情况:
(1) 严禁带电操作,一定要把 220V 的电源线插头拔掉。
(2) 为防止静电损坏器件,在拆装操作前应该释放手上的静电,例如洗手、触摸接地金属物体等。
(3) 爱护计算机的各个部件,轻拿轻放,切忌鲁莽操作,尤其是硬盘不能碰撞或跌落。
(4) 插拔线缆时,要注意正确的方向,不可歪拔斜插。
(5) 旋紧螺钉应适度,不宜过紧或过松。

1.3.2 拆卸计算机

了解计算机拆卸的注意事项,进一步熟悉计算机各部件。
准备工具:一把带磁性的十字旋具(俗称螺丝刀)、镊子、尖嘴钳。
具体操作:
(1) 拔出主机箱背面的电源线、显示器信号线、键盘连线、鼠标连线等其他所有连线。
(2) 使主机箱平卧,用十字旋具拧开螺钉,打开侧面盖板。
(3) 从主板上取下内存条。
(4) 从主板上卸下各类板卡(显卡、网卡、声卡等)。
(5) 拔下硬盘和光驱的电源连线、数据连线,以及主机电源连接到主板的连线。
(6) 拧开固定在机箱上的螺钉,并取下主板。
(7) 取下硬盘、光驱。
(8) 取下 CPU 散热风扇。
(9) 从主板上取下 CPU。
(10) 打开主机箱背面的螺钉,取下机箱内电源。

1.3.3 计算机的硬件连接

了解计算机组装的注意事项,认识各部件的外部特征,尤其是安装标记的识别。掌握规范的计算机硬件组装方法,为计算机硬件维护奠定基础。
准备工具:一把带磁性的十字旋具、镊子、尖嘴钳。
具体操作:
(1) 把电源放在机箱的电源固定架上,使电源上的螺孔和机箱上的螺孔一一对应,然后拧上螺钉,如图 1-1 所示。

图 1-1 把电源固定在机箱的电源固定架

(2) 在主板上安装 CPU 及其散热风扇,如图 1-2 所示。

(a) 安装 CPU　　　　　　　　　　(b) 安装散热风扇

图 1-2　在主板上安装 CPU 及其散热风扇

(3) 在主板上安装内存条,如图 1-3 所示。

图 1-3　在主板上安装内存条

(4) 安装主板到主机箱(将机箱自带的金属螺柱拧入主板支撑板的螺孔中,将主板放入机箱,注意主板上的固定孔对准拧入的螺柱,主板的接口区对准机箱背板的对应接口孔。边调整位置边依次拧紧螺钉固定主板),如图 1-4 所示。

(5) 连接主机箱面板信号线,如图 1-5 所示。

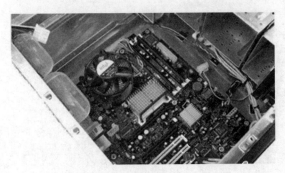
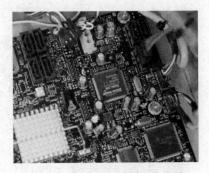

图 1-4　安装主板到主机箱　　　　　图 1-5　连接主机箱面板信号线

(6) 在主板上安装显卡、网卡、声卡等,如图 1-6 所示。

(7) 把硬盘安装到主机托架上,如图 1-7 所示。

(8) 把光驱安装到主机托架上,如图 1-8 所示。

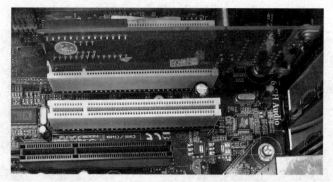

图 1-6 在主板上安装显卡、网卡、声卡

图 1-7 把硬盘安装到主机托架上

图 1-8 把光驱安装到主机托架上

(9) 连接数据线和电源线,如图 1-9 所示。

图 1-9 连接数据线和电源线

(10) 安装机箱的侧面板。
(11) 将键盘和鼠标连接到主机上。
(12) 将显示器连接到主机上。
(13) 开机检测。

在完成全部系统的硬件安装后,进行最后一次的检查。检查的内容主要包括内存是否插好、各个驱动器、键盘、鼠标、显示器、音箱的电源线、数据线是否连接无误等。

如果一切检查无误,就可以插上机箱电源线插头,接通电源、开机运行。如果系统工作正常,在屏幕上很快会显示信息。

如果上电后没有任何反应,显示不正常或者多次鸣叫,应该立即关闭计算机电源,并再次检查。

要求:观察个人计算机(PC)的组成;掌握主板各部件的名称、功能等,了解主板上常用接口的功能、外观形状、颜色、插针数和防插反措施;熟悉常用外部设备的连接方法,注意区分不同设备的接口颜色和形状。

1.4 计算机的启动与退出

1.4.1 计算机的启动

启动计算机的步骤如下。
(1) 做好开机前的准备工作,例如连接好电源等。
(2) 先打开显示器、打印机等外部设备,然后按下主机箱上的 Power 按钮。
(3) 可以重新加载操作系统启动。

1.4.2 计算机的退出

关闭计算机的步骤如下。
(1) 关闭应用程序并关机。
(2) 按下主机箱上的 Power 按钮,进行强制关机。

1.5 键盘及指法练习

熟悉键盘的布局以及各键的功能和作用,了解键盘的键位分布,掌握正确的键盘指法。

1.5.1 键盘

键盘是用户向计算机输入数据和命令的工具。随着计算机技术的发展,输入设备越来越丰富,但键盘的主导地位却是替换不了的。正确地掌握键盘的使用,是学好计算机操作的第一步。PC 键盘通常分 5 个区域:主键盘区、功能键区、编辑键区、辅助键区(小键盘区)和状态指示区,如图 1-10 所示。

键盘是广泛使用的字符和数字输入设备,用户可以直接从键盘上输入程序或数据,使人和计算机直接进行联系,起着人与计算机之间进行信息交流的桥梁作用。

计算机键盘键位布局及个数因机型不同而有所差异。以 IBM-PC 及其兼容机键盘为例,大体上可以分为 83 键和 101 键两种,而常用的台式计算机均是 101 键。这里着重讲述 101 键的键盘。

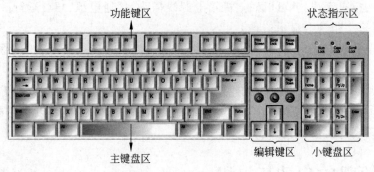

图 1-10　键盘示意图

101 键的键盘分为主键盘区、功能键区、编辑键区、小键盘区和状态指示区。

1. 主键盘区

(1) 字母键：主键盘区的中心区域，按字母键，屏幕上就会出现对应的字母。

(2) 数字键：主键盘区上面第二排，直接按下数字键，可输入数字，按住 Shift 键再按数字键，可输入数字键中数字上方的符号。

(3) Tab(制表键)：按此键一次，光标后移一个固定的字符位置(不超出 8 个字符)。

(4) Caps Lock(大小写转换键)：输入字母为小写状态时，按一次此键，键盘右上方 Caps Lock 指示灯亮，输入字母切换为大写状态；再按一次此键，指示灯灭，输入字母切换为小写状态。

(5) Shift(上挡键)：有的键面有上下两个字符，称双字符键。当单独按这些键时，则输入下挡字符。若先按住 Shift 键不放手，再按双字符键，则输入上挡字符。

(6) Ctrl、Alt(控制键)：与其他键配合实现特殊功能的控制键。

① 两个键组成的组合键：先按下第一个键不放，再按下第二个键，然后同时放手。

② 三个键组成的组合键：先按下前两个键不放，再按下第三个键，然后同时放手。

例如，常用的组合键及功能如下。

- Ctrl+C：复制。
- Ctrl+V：粘贴。
- Ctrl+X：剪切。
- Ctrl+A：全选。
- Ctrl+空格：中英文切换。
- Ctrl+Shift：输入法切换。
- Ctrl+Home：光标快速移到文件头。
- Ctrl+End：光标快速移到文件尾。
- Shift+Delete：不将所选项目移动到"回收站"，而直接将其删除。
- Alt+F4：关闭活动项目或者退出活动程序。
- Ctrl+Alt+Tab：使用箭头键在打开的项目之间切换。

(7) Space(空格键)：按此键一次产生一个空格。

(8) Backspace(退格键)：按此键一次删除光标左侧一个字符，同时光标左移一个字符位置。

(9) Enter(回车换行键):按此键一次可使光标移到下一行。

2. 功能键区

(1) F1~F12(功能键):键盘上方区域,通常将常用的操作命令定义在功能键上,不同的软件中,功能键有不同的定义。例如 F1 键通常定义为帮助功能。

(2) Esc(退出键):按下此键可放弃操作,如汉字输入时可取消没有输完的汉字。

(3) Print Screen(拷屏键):在 Windows 中,按此键可将整个屏幕复制到剪贴板;按 Alt+Print Screen 组合键可将当前活动窗口复制到剪贴板。

(4) Scroll Lock(滚动锁定键):在 DOS 下,阅读较长的文档时翻滚页面。

(5) Pause Break(暂停键):用于暂停执行程序或命令,按任意字符键后,再继续执行。

3. 编辑键区

(1) Ins/Insert(插入/改写转换键):按下此键,进行插入/改写状态转换,在光标左侧插入字符或改写当前字符。

(2) Del/Delete(删除键):按下此键,删除光标右侧字符。

(3) Home(行首键):按下此键,光标移到行首。

(4) End(行尾键):按下此键,光标移到行尾。

(5) PgUp/Page Up(向上翻页键):按下此键,光标定位到上一页。

(6) PgDn/Page Down(向下翻页键):按下此键,光标定位到下一页。

(7) ←,→,↑,↓(光标移动键):按下分别使光标向左、向右、向上、向下移动。

4. 小键盘区

小键盘区的各键既可作为数字键,又可作为编辑键。两种状态的转换由该区域左上角数字锁定转换键 NumLock 控制,当 NumLock 指示灯亮时,该区处于数字键状态,可输入数字。当 NumLock 指示灯灭时,该区处于编辑状态,小键盘上下档的光标定位键起作用,可进行光标移动、翻页、插入、删除等编辑操作。

5. 状态指示区

状态指示区有 NumLock 指示灯、Caps Lock 指示灯和 Scroll Lock 指示灯。根据相应指示灯的亮灭,可判断出数字小键盘状态、字母大小写状态和滚动锁定状态。

1.5.2 键盘指法

1. 基准键与手指的对应关系

基准键与手指的对应关系如图 1-11 所示。

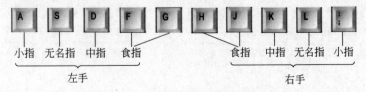

图 1-11 基准键与手指对应关系

基准键位:字母键第二排的 8 个键(A、S、D、F、J、K、L 和;)为基准键位。

2. 键位的指法分区

在基准键的基础上,其他字母、数字和符号与 8 个基准键相对应,指法分区如图 1-12 所示。虚线范围内的键位由规定的手指管理和击键,左右外侧的剩余键位分别由左右手的小拇指来管理和击键,空格键由大拇指负责。

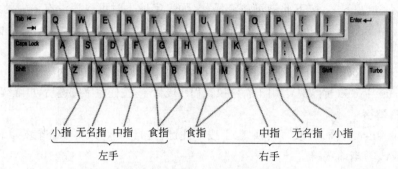

图 1-12 键位指法分区图

3. 击键方法

(1) 手腕平直,保持手臂静止,击键动作仅限于手指。

(2) 手指略微弯曲,微微拱起,以 F 与 J 键上的凸出横条为识别记号,左右手食指、中指、无名指、小指依次置于基准键位上,大拇指则轻放于空格键上,在输入其他键后手指重新放回基准键位。

(3) 输入时,伸出手指弹击按键,之后手指迅速回归基准键位,做好下次击键准备。如需按空格键,则用大拇指向下轻击。如需按 Enter 键,则用右手小指侧向右轻击。

(4) 输入时,目光应集中在稿件上,凭手指的触摸确定键位,初学时尤其不要养成用眼确定指位的习惯。

第 2 章 计算机硬件系统维护与故障处理

2.1 计算机维护基础

2.1.1 计算机日常保养常识

1. 理想的工作环境

(1) 计算机工作的理想温度：5℃～35℃，计算机应尽量远离热源。
(2) 相对湿度：计算机周围环境的空气湿度应保持30%～80%。
(3) 远离电磁干扰(避免硬盘上数据的丢失)。
(4) 配备稳压电源或 UPS 电源，保持计算机正常工作的电压需求为 220V。
(5) 工作环境应清洁(否则易造成电路短路和读写错误)。

2. 养成良好的使用习惯

(1) 正确开关机。
(2) 不要频繁地开关计算机。
(3) 在更换和安装硬件时，应该断电操作。
(4) 在接触电路板时，切忌用手指接触膜电路板上的铜线及集成电路的引脚，以免人体所带的静电损坏这些器件。
(5) 计算机在加电之后，不应随意移动和振动，以免造成硬盘表面划伤。

3. 保护硬盘及硬盘上的数据

(1) 准备干净的系统引导盘。
(2) 经常进行重要数据资料的备份。
(3) 不到万不得已，不用格式化、分区等破坏性命令。
(4) 备份分区表和主引导区信息。

2.1.2 计算机系统的常规性维护

1. 计算机硬件维护

(1) 对主机的维护。

① 电源的维护。
- 开机后若电源风扇声音异常或停止转动,要立即关闭计算机,如果继续使用会损坏电源。
- 清洁:电源风扇在工作时容易吸附灰尘,应定期清洁电源以免影响电源的正常工作。

② 硬盘的维护。
- 读写硬盘时,严禁突然关闭计算机电源。
- 读写硬盘时,严禁碰撞、挪动计算机。

③ 光驱的维护。
- 光驱在读盘时不要强行弹出光盘。
- 禁止使用光驱读取劣质光盘。
- 禁止使用带有灰尘的光盘,并且每次打开光驱托盘后要尽快关上,以免灰尘进入。

(2) 对外部设备的维护。

① 键盘的维护。
- 保持键盘的清洁,特别要注意不要把水等液体的东西倾倒在键盘上。
- 不要带电插拔键盘。
- 经常清洗键盘(要用计算机专用的清洁剂)。
- 击键不要过猛、过重。

② 显示器的维护。
- 远离磁场的干扰。
- 注意环境:不能置于潮湿和强光照射的地方,并且在不使用时使用防尘罩。
- 关闭显示器:关闭计算机后待显示器内部的热量散尽后再盖上防尘罩。
- 清洁:用毛刷去除显示器外壳上的灰尘,用镜面纸擦拭屏幕上的灰尘。

2. 计算机软件的维护

(1) 对计算机运行系统的维护。计算机系统经过一段时间的运行后,可能会产生各种各样的故障,例如硬盘上有坏的扇区或文件系统故障等。

(2) 计算机病毒防治。计算机病毒的防治可打开计算机上的反病毒程序,也可以运行 Norton AntiVirus、VRV 等软件实现在线检测。

(3) 数据备份。在软件维护中一个很重要的环节就是数据备份,可以直接将数据保存到磁盘、磁带、光盘等存储设备上。

2.1.3 计算机运行环境的日常管理

(1) 机房制度管理。

(2) 机房运行管理。
(3) 机房安全消防管理。
① 制定机房的安全防火措施和要求。
② 严禁在机房内吸烟。
③ 严禁在机房内使用电炉。
④ 严禁在机房内存放易燃易爆物品。
⑤ 机房的安全工作应有专人负责。
⑥ 机房工作人员都会使用灭火器材。
(4) 供电设备的管理。
(5) 机房定期检修。

下面是应该严格遵守的规定：
(1) 在机房内要保持安静，禁止大声喧哗、随意走动、打打闹闹，讨论问题要小声。
(2) 保持室内卫生，不得在机位上吃零食，不准随地吐痰，废弃物品应放置在垃圾筐内。
(3) 不得在上机时观看不健康、反动的文字资料及图片；不得从事有违国家法律、规章的网络连接活动。
(4) 严禁利用机房计算机设备玩游戏或进行聊天活动。
(5) 若计算机出现故障而无法使用，应通知任课教师或机房管理老师调换座位，不得擅自拔插计算机外部设备与电源插头。
(6) 严禁私拆或拿走机房内计算机配件，一经查出，将按校纪严肃处理。
(7) 不得利用计算机从事故意制作、传播计算机病毒等破坏性程序。
(8) 上机完毕，应正确退出软件系统关闭计算机并摆放好桌椅。

2.2 计算机故障综述

计算机常见故障一般分为硬件故障和软件故障两大类，还有一种介于两者之间的故障，称为硬件软故障。

1. 硬故障的起因

硬件故障（简称硬故障）大多是由于计算机硬件使用不当或硬件物理损坏所造成的。例如主机无电源，显示器不显示，主机喇叭鸣响，显示器提示出错信息但无法启动系统，等等。它们又分真故障和假故障。

(1) 真故障。真故障是指各种板卡、外部设备等出现电气故障或机械故障，属于硬件物理损坏。真故障会导致发生故障的板卡或外设功能丧失，甚至整机瘫痪，如不及时排除，还可能导致相关部件的损坏。

其起因如下：
① 外界环境不良。
② 操作不当。
③ 硬件自然老化。
④ 产品质量问题。

(2)假故障。假故障是指计算机主机部件和外部设备均完好无损,但整机不能正常运行或部分功能丧失的故障。假故障一般与硬件安装、设置不当或外界环境等因素有关。

其起因如下:

① 天长日久自然形成的接触不良。

② BIOS 设置错误。

③ 负荷太大。

④ 电源的功率不足。

2. 软故障的起因

(1)软件与系统不兼容(软件的版本与运行环境配置不兼容,造成不能运行、系统死机、某些文件被改动或丢失)。

(2)软件相互冲突(两种或多种软件的运行环境、存取区域、工作地址等发生冲突,造成系统混乱、文件丢失)。

(3)误操作。

(4)计算机感染病毒(几乎所有的计算机故障现象都有可能是计算机病毒引起的)。

(5)系统配置(参数)不正确(一是 BIOS 芯片配置,二是系统引导过程配置,三是系统命令配置)。

3. 硬件软故障的起因

(1)设备驱动程序安装不当。驱动程序是一种特殊软件,是操作系统与硬件设备的接口,主要是用以解释各种 BIOS 不支持的硬件设备,使计算机能够识别它们,从而保证这些硬件设备的正常运行,同时驱动程序还可以有针对性地控制硬件设备,以便充分发挥其性能。

(2)设备冲突。Windows 的各种版本都支持即插即用功能。由于即插即用设备品种层出不穷,Windows 往往不能正确检测出有关设备,造成 I/O 端口、DMA 通道等系统资源的分配冲突。

(3)病毒破坏(例如打印机不打印、系统不识别光盘驱动器、声音系统功能丢失等)。

(4)硬件安装或调试不当。

(5)BIOS 设置错误。

2.3　计算机常见故障的一般分析和维护方法

计算机如此复杂,在使用过程中难免会出现各种故障,诊断和处理起来也是非常棘手的事。对普通用户和非专业维护人员来说,有必要记住一些简单的原则,掌握一些基本的维护方法,以应付出现的问题。

一般而言,计算机故障的检测应该遵循以下原则。

(1)"先源后载"的原则。电源故障比较多,在检查时应首先检查供电系统,然后依次检查稳压系统和主机内部的电源部分,若正常,再检修负载(系统板、各外部设备)。

(2)"先软后硬"的原则。所谓"先软后硬"就是首先从软件角度着手(包括操作不正确和病毒破坏等),尝试用软件的办法来处理,在确实无法解决问题的情况下,再从硬件上找原因。

(3)"先外后内"的原则。所谓"先外后内"是指首先排除电源、接头、插座的电器连接以及外围设备的机械和电路等故障,然后再针对机箱内部进行检查。

(4)"先静态后动态"的原则。在确定主机问题后,则要打开机箱进行检查。应首先在不加电(静态)的情况下观察检测硬件,以保证安全,避免再损坏别的部件,处理好发现的问题再开启电源后检查计算机的工作状态。

(5)"先简单后复杂"的原则。所谓"先简单后复杂"是指首先排除简单的故障、解决一般性的问题,然后再着手解决复杂问题、排除特殊和疑难的故障。

(6)"先共性后局部"的原则。计算机内的某些部件在出现问题后,会直接影响其他部件的正常工作,应先检测此类部件,然后再逐渐检测被影响的部件。

2.3.1 计算机故障的诊断方法

要尽快排除计算机的硬件故障,必须首先准确确定故障出在哪里,即对故障进行检测。下面介绍计算机故障常见的诊断方法。

(1)原理分析法。原理分析法是从理论上进行分析,按照计算机的基本原理,根据计算机的时序关系,从逻辑上分析各部件应用的特征,进而找出故障。

(2)诊断程序测试法。使用诊断程序、专用维修诊断卡来辅助计算机硬件维修可达到事半功倍之效,如使用购机时附带的诊断软件或各大厂商推出的软件检测软件也都可达到很好的效果。

(3)直接观察法。直接观察法就是通过自己的看、摸、听、嗅等方法检查计算机比较典型和明显的故障。

一般发热组件的外壳正常温度不应超过50℃,CPU温度也不应超过70℃。如果手摸上去发烫,可能内部电路有短路现象,因电流过大而发热,此时应将该组件换下来。一般计算机内部芯片烧毁时,会散发出一种煳味,仔细观察会发现芯片表面颜色有些异样,此时应马上关机检查。

检查电路板要用放大镜仔细观察有无断线和虚焊,是否残留金属线、锡片、螺钉、杂物等,发现后应及时处理,观察组件的表面字迹和颜色,有无烧焦、龟裂、组件的字迹颜色变黄等现象,如果发现这些现象则应更换此组件。听有无异常的声音,特别是驱动器更应仔细听,如果与正常声音不同,则应立即找出异常声音产生的部位并着手进行检修。

(4)替换法。替换法是使用好的插件板或好的设备,替换有故障疑点的插件或设备,其方法简单容易,方便可靠,对于一些比较容易拔、插的部件、扩充卡电路板和外设尤其适用,对初学者来说是一种十分有效的方法,可以方便而迅速地找到故障点。但此方法的使用需要大量同类备件的支持。

(5)比较法。比较法也比较常用,就是通过同时运行一台故障计算机和一台正常计算机,根据两台计算机在启动或者执行同样操作或程序时出现的不同表现,就可以初步判断出故障的产生部位,继而运用相应的方法进行排除。

(6)拔插法。拔插法就是通过将插件或芯片拔出或者插入来寻找计算机故障原因的方法。采用该方法一般能迅速找到故障发生的部位,从而查到发生故障的原因。操作步骤如下:依次拔出插件板或设备接口线及电源线,每次只能拔出一个插件板或设备,并且必须在关机切断交流电的情况下进行,然后就开机检查计算机的自检状态。一旦拔出某个插件或设备后,故障消失并且计算机逐渐恢复正常,说明故障就在该部件上。拔插法不仅适用于接插件和设备,也可用于带插座的芯片或其他集成电路。

(7) 升降温法。计算机在工作时间较长或环境温度变化时会出现一些故障,但关机后检查却又都正常,这时就需要用到升降温的方法。

(8) 清洁法。可用毛刷轻轻刷去主板上的灰尘,另外,主板上一些插卡、芯片采用插脚形式,常会因为引脚氧化而造成接触不良。可用橡皮擦去表面氧化层,重新连接;也可以用一些专用的主板清洁剂。

(9) 最小系统法。出现故障时无法正常开机,因此将计算机的所有外部设备及内部扩展卡全部拔下来,仅保留主机电源、主板、CPU、内存、扬声器和键盘,加电仔细观察键盘上的 3 个 LED 状态,听扬声器发出的声音。

(10) 逐步添加/去除法。逐步添加法以最小系统为基础,每次只向系统添加一个部件、设备或软件,来检查故障现象是否消失或发生变化,以此来判断并定位故障部位。逐步去除法则与逐步添加法的操作相反。逐步添加/去除法一般要与替换法配合,才能较为准确地定位故障所在部件。

(11) BIOS 清除法。在设置 BIOS 时,可能将某些重要参数设置错误而造成计算机硬件无法正常工作,此时可以通过 BIOS 清除法将 BIOS 设置恢复到默认值。一种是开机后进入 BIOS 进行相应的选项设置;另一种是如果不能启动计算机,则可以通过短接主板上的 CMOS 跳线来清除 BIOS 设置。

(12) 综合法。综合法是各种方法的结合,当然是检测和维修人员采用的最强有力的维护计算机的方法,所以从事专业维修的人员经常采用之。但对于使用计算机的非专业维护、维修人员,一定要谨慎使用,避免将故障弄得更加复杂化。

2.3.2 计算机启动故障的诊断与排除

1. 系统启动顺序

(1) 接通计算机电源,显示器、键盘、机箱上的灯闪烁。
(2) 检测显卡,画面上出现短暂的显卡信息。
(3) 检测内存,随着嘟嘟的声音,画面上出现内存的容量信息。
(4) 执行 BIOS,画面上出现简略的 BIOS 信息。
(5) 检测其他设备,出现其他设备的信息(CPU、HDD、MEM 等)。
(6) 执行 OS(操作系统)的初始化文件等。

2. 系统启动故障分析

(1) 计算机通电后反应。
① 电源线路接触不良。
② 机箱电源有故障。
(2) 计算机通电正常,但显示器无显示或 BIOS 无法自检通过。
根据计算机的报警声,确定故障原因和位置。
① AWARD BIOS 报警声的一般含义。

- 1短：系统正常启动。
- 2短：常规错误，进入CMOS重新设置不正确的选项，或直接装载默认设置。
- 1长1短：内存或主板出错，重新插拔内存，若无效则更换内存或者主板。
- 1长2短：显示器或显示卡错误，检查显卡。
- 1长3短：键盘控制器错误，使用替换法检查。
- 1长9短：主板BIOS损坏，可尝试换一块Flash RAM。
- 不断地长声响：内存未插紧或损坏，重新插拔内存，若无效则更换内存。
- 不断地短声响：电源、显示器或显卡未连接，检查一下所有的插头。
- 重复短声响：电源问题，更换电源。
- 无声音无显示：电源问题，更换电源。

② AMI BIOS报警声的一般含义。

- 1短：内存刷新失败，更换一条质量好的内存。
- 2短：内存奇偶校验错误，关闭CMOS中奇偶校验的选项。
- 3短：系统基本内存(第1个64Kb区域)检查失败，更换一条质量好的内存。
- 4短：系统时钟出错，维修或更换主板。
- 5短：CPU错误，检查CPU，可用替换法检查。
- 6短：键盘控制器错误，插上键盘，更换键盘或者检查主板。
- 7短：系统实模式错误，不能切换到保护模式，维修或者直接更换主板。
- 8短：显存读写错误，更换显卡。
- 9短：ROM BIOS检验出错，更换BIOS芯片。
- 1长3短：内存错误，更换内存。
- 1长8短：显卡测试错误，检查显示器数据线或者显卡是否插牢。

③ Phoenix的BIOS报警声。

- Phoenix BIOS已经很少见了，列举几个仅供参考。
- 1短：系统启动正常。
- 1短1短1短：系统加电初始化失败。
- 1短1短2短：主板错误。
- 1短1短3短：CMOS或电池失效。

(3) 计算机正常启动，但无法进入操作系统。此时会显示一些错误信息，常见的有如下几个。

① CMOS：说明CMOS电池失效，只要更换新的电池即可。
② CMOS check sum error-Default loaded：CMOS检测错误—默认加载。
③ Press Esc to skip memory test：按Esc键跳过内存测试。
④ Keyboard error or no keyboard present：键盘错误或缺失。
⑤ Hard disk install failure：硬盘安装失败。
⑥ Floppy Disk(s)fail 或 Floppy Disk(s)fail(80)或 Floppy Disk(s)fail(40)：软盘缺失。
⑦ Hard disk(s) diagnosis fail：执行硬盘诊断时发生错误。
⑧ Memory test fail：内存检测失败。

⑨ Override enable—Defaults loaded：能够覆盖—默认加载。

2.3.3　计算机正常使用过程中故障的诊断与排除

1. 计算机加电启动时能否出现自检画面

如果未能出现自检画面，则说明可能是显卡、主板、CPU、内存、电源方面的故障，即属于硬件故障。如果加电时，不能出现自检画面，但可听到扬声器发出的"一长两短"的"滴"声时，则说明可能是显示器或显卡的故障。

2. 自检时是否出现错误信息

如果在自检过程中出现各种错误信息，例如 HDD Controller Failure，表示是硬盘控制器错误，一般是硬盘电源线与硬盘连接不正确、硬盘数据线与主板连接不正确等原因引起的。此类故障仍然属于硬件故障。

3. 能否正常引导启动操作系统

如果能正常引导启动操作系统，则基本上排除了硬件方面的故障。即使未能正常引导，一般也是系统文件丢失、病毒破坏等原因造成的，它们都属于软件故障。

4. 计算机在系统启动运行过程中是否出现问题

大部分微型计算机的故障都是在系统运行过程中出现的，例如死机、程序非法操作关闭、系统资源急剧减少、文件丢失等，这类故障一般都属于软件故障。但也不能完全排除硬件之间存在兼容性问题等，这类硬件故障都可能造成程序运行错误。

5. 计算机经常出现蓝屏

计算机经常出现蓝屏一般是由以下原因引起的。

（1）内存原因。

（2）主板原因。

（3）系统原因。

（4）CPU 原因。

6. 计算机以正常模式 Windows 启动时出现一般保护错误

计算机以正常模式 Windows 启动时出现一般保护错误一般是由以下原因引起的。

（1）内存原因。

（2）磁盘出现坏道。

（3）Windows 系统损坏。

（4）在 CMOS 设置内开启了防病毒功能。

7. 计算机经常出现随机性死机现象

计算机经常出现随机性死机现象一般是由以下原因引起的。

（1）病毒原因造成计算机频繁死机。

（2）由于某些元件热稳定性不良造成此类故障。

（3）由于各部件接触不良导致计算机频繁死机。

（4）由于硬件之间不兼容造成计算机频繁死机。

（5）软件冲突或损坏引起死机。

8. 在 Windows 下运行应用程序时提示虚拟内存不足

计算机在 Windows 下运行应用程序时提示虚拟内存不足一般是由以下原因引起的。

（1）磁盘剩余空间不足。

（2）同时运行了多个应用程序。

（3）计算机感染了病毒。

9. CPU 使用率 100％

计算机的 CPU 使用率为 100％，一般是由以下原因引起的。

（1）处理较大的文件。

（2）运行杀毒软件。

（3）用安装 Windows 操作系统的计算机作为服务器。

（4）病毒、木马、间谍软件。

10. Windows 操作系统启动速度较慢

计算机 Windows 操作系统启动速度较慢，一般是由以下原因引起的。

（1）感染病毒。

（2）系统问题。

（3）开机启动的程序过多。

（4）硬盘问题。

11. 自动关机

计算机出现自动关机现象，一般是由以下原因引起的。

（1）CPU 过热；

（2）CPU 接触不良。

（3）供电不良。

（4）有部件损坏。

12. 关机后自动重启 Windows

计算机在关机后自动重启 Windows，一般是由以下原因引起的。

（1）系统设置的问题。

（2）高级电源管理不支持。

（3）计算机接有 USB 设备。

13. 系统提示 Explorer.exe 错误

一台计算机在安装应用软件正常运行了几个小时后，无论运行哪个程序都会提示"你所运行的程序需要关闭"，并不断提示 Explorer.exe 错误，应该是所安装的应用软件与操作系统有冲突造成的。

14. 安装两款杀毒软件后，计算机无法正常启动

计算机在安装两款杀毒软件后，无法正常启动，一般是由以下原因引起的。

（1）系统文件损坏。

（2）杀毒软件冲突。

（3）感染病毒。

（4）硬盘有坏道。

15. 运行程序时出现内存不足

计算机在运行程序时出现内存不足，一般是由以下原因引起的。

（1）计算机同时打开的程序窗口太多。

（2）系统中的虚拟内存设置太小。

（3）系统盘中的剩余容量太小。

（4）内存容量太小。

总之，计算机在使用过程中出现问题后，首先检查是否是病毒或间谍软件的影响；其次检查系统文件是否被破坏；再次检查应用程序与系统之间是否有冲突；接着检查硬件驱动是否合适或有冲突；最后检查是否硬件故障。

第3章 Windows 7 操作系统

在计算机中,操作系统是其最基本也是最为重要的基础性系统软件。Windows 是 1985 年由美国微软公司(Microsoft)研发的操作系统,采用了图形用户界面(GUI)技术,比早期的 MS-DOS 输入指令的使用方式更为人性化。随着计算机硬件和软件的不断升级,Windows 也在不断升级,从架构的 16 位、32 位再到 64 位,系统版本从最初的 Windows 1.0 到大家熟知的 Windows 7、Windows 10 以及 Windows Server 服务器企业级操作系统,一直在进行着开发和完善。

但美国微软公司从 2020 年开始对 Windows 7 操作系统终止了任何问题的技术支持,包括软件更新、安全更新或修复等服务,这引起了社会和广大用户的广泛关注和对信息安全的担忧,也从而推动了中国国产系统的发展,涌现出了一大批以 Linux 为主要架构的国产操作系统,如中标麒麟、深度Deepin、华为鸿蒙等。随着数字与信息化推进,操作系统作为软硬件纽带,在安全领域扮演着核心地位,发展本土化操作系统,是国家信息与网络安全直接面对的问题。

3.1 用 Windows 7 来管理繁杂的信息

Windows 操作系统的资源管理包括硬件与软件资源的管理,按照本节介绍的操作内容,通过练习,可以熟练掌握计算机资源的查看与搜索功能以及文件信息的管理方法。

1. 查看资源

(1) 查看磁盘。在桌面上,双击"计算机"图标,在打开的窗口中显示有:磁盘分区、分区容量、已使用空间与剩余空间比例等信息,其中标有 标记的表示该磁盘分区安装有 Windows 7 系统,如图 3-1 所示。

(2) 查看文件与文件夹。双击"计算机",双击"本地磁盘(C:)",双击 Windows 文件夹,在打开的窗口中即可查看到 Windows 文件夹下的子文件夹及文件,如图 3-2 所示。

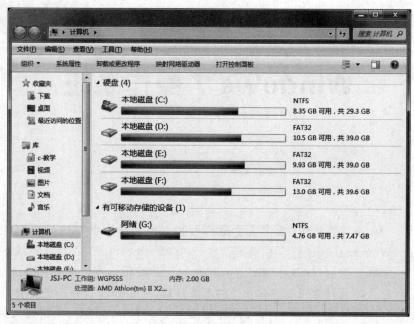

图 3-1 查看磁盘

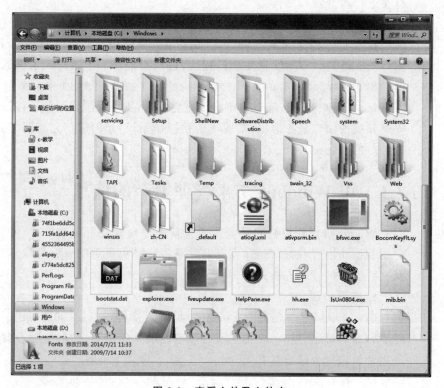

图 3-2 查看文件及文件夹

(3) 调整查看方式。单击窗口工具栏右侧的"更改您的视图"按钮 ，可在下拉菜单中选中超大图标、大图标、中等图标、小图标、列表、详细信息、平铺、内容等文件的显示方式，如图 3-3 和图 3-4 所示的效果。

图 3-3 "中等图标"视图查看方式

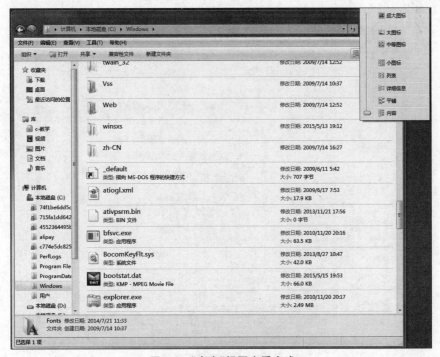

图 3-4 "内容"视图查看方式

（4）改变文件排序方式及筛选显示。在资源管理窗口中，单击"更改您的视图"选择"详细信息"查看方式，此时列表头部标有各项目名称（名称、类型、修改日期、大小……），单击项目名称可改变文件的排序方式，"▲"和"▼"分别代表升序、降序排列。单击列表项右端的"▼"打开与此项有关的可选内容，用于筛选显示选定的某一类文件。如图 3-5 所示可以只挑选类型是"文本文档"的文件显示。

图 3-5　文件排序及筛选显示

（5）显示文件扩展名。在"计算机"窗口内单击"组织"，单击"文件夹和搜索选项"，在"文件夹选项"对话框中单击"查看"选项卡，取消选定"隐藏已知文件类型的扩展名"，单击"确定"按钮，如图 3-6 所示。

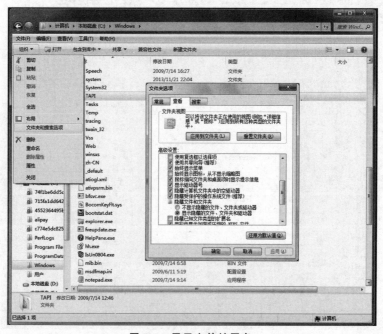

图 3-6　显示文件扩展名

（6）隐藏文件与文件夹。右击要隐藏的文件或文件夹，在弹出的快捷菜单中选中"属性"选项，在弹出的对话框的"常规"选项卡中选中"隐藏"复选框，单击"确定"按钮，在"确认属性更改"对话框中选中要隐藏的有效范围，单击"确定"按钮，如图 3-7 所示。

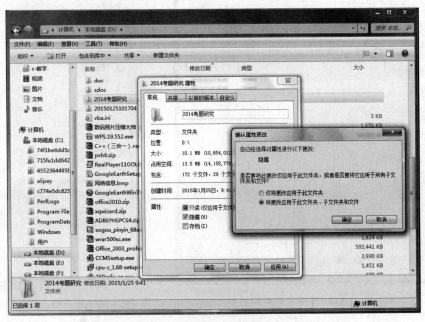

图 3-7　隐藏文件与文件夹

在"计算机"窗口，单击"组织"，单击"文件夹和搜索选项"，在"文件夹选项"对话框中单击"查看"选项卡，选中"不显示隐藏的文件、文件夹或驱动器"，单击"确定"按钮，如图 3-6 所示。

（7）在新进程中打开文件夹。按住 Shift 键，右击目标，在弹出的快捷菜单中选中"在新的进程中打开"选项。

（8）快速查看常用文档。Windows 7 的跳转列表内显示了近期常用的文件、文件夹及链接内容，利用它可快速访问最近打开过的文档、图片、歌曲或网站。

显示跳转列表的方法是，在"开始"菜单中将鼠标移动到某程序的名字上，或者是在任务栏上右击应用程序的图标，跳转列表就会列出与本程序相关的文件列表，如图 3-8 所示。

右击任务栏上的"资源管理器"图标，则会显示近期访问的文件夹项目的跳转列表，如图 3-9 所示。

（9）锁定文件或程序。在"开始"菜单中，程序或文档的列表内容会随着后续文件的访问而被挤掉，如果有重要的程序或文档需要快速访问到，可将其固定在菜单的上部或任务栏中，以能随时看到。

① 锁定文件。在"开始"菜单中，将鼠标指向跳转列表的某个文件时，其右侧会有一个图钉的按钮，单击该按钮后即可将该文件"锁定到此列表"，也就是固定在列表的顶端。

② 锁定程序。在"开始"菜单中，右击程序名，在弹出的快捷菜单中选中"附到'开始'菜单"选项，把这个程序固定显示在"开始"菜单的顶端区域；也可以选中"锁定到任务栏"把这个程序固定显示在任务栏的快速启动区。

图 3-8 "开始"菜单上的跳转列表　　　　图 3-9 资源管理器上的跳转列表

2. 搜索信息

（1）快速搜索。单击"开始"按钮,在"搜索程序和文件"框输入想要查找的信息。只需输入少许字符,菜单上就显示出匹配的文档、图片、音乐、电子邮件和其他文件的列表。如图 3-10 所示是在"开始"菜单中输入"图"字的搜索结果。"开始"菜单的搜索倾向于对程序、控制面板、Windows 7 小工具的查找,窗口搜索栏的目的更为明确,那就是搜索当前位置（包括子文件夹）下的所有文件,并在结果单中将关键字位置（用高亮）标识出来,如图 3-11 所示。

"开始"菜单的搜索框也能当作运行框使用。例如,可以输入一些类似 ping、msconfig 这样的常用命令。

（2）添加搜索筛选项。如图 3-11 所示,打开"库/图片"窗口,在右上角的"搜索图片"框内输入关键词,单击搜索框中的空白输入区,在下面的"添加搜索筛选器"中选中搜索条件（修改日期、类型等）进行附加条件的内容搜索。

（3）人性化的"自然语言搜索"。如图 3-12 所示,单击文件夹窗口内的"组织",选中"文件夹和搜索选项"选项,在弹出的"文件夹选项"对话框的"搜索"选项卡中选中"使用自然语言搜索"选项,就可以利用自然语言搜索功能来一次完成筛选。

搜索时输入的关键词之间可以用 and、or、not、空格、*、? 等符号来表达搜索意图。

例如想搜索计算机中的 C 语言考试文件,只需在搜索栏中输入"考试 and C"或者"考试 C",那么所有同时是"考试"且是"C"的文件都会被搜索出来,如图 3-13 所示。又例如,想搜索 DOC 格式或者 XLS 格式的文件,只需在搜索栏中输入"*.doc or *.xls",那么所有 DOC 格式和 XLS 格式的文件都会被搜索出来。

第 3 章　Windows 7 操作系统

图 3-10　"开始"菜单的搜索

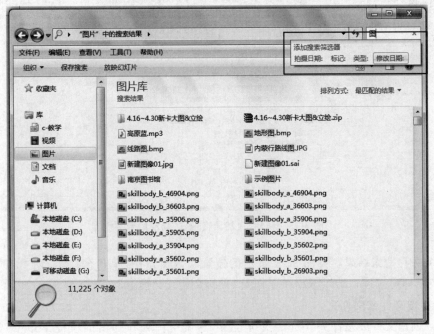

图 3-11　窗口中的搜索

图 3-12 设置"使用自然语言搜索"功能

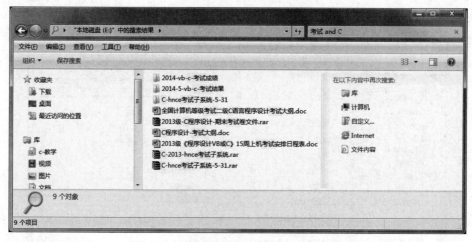

图 3-13 利用"自然语言搜索"功能的效果

(4) 保存搜索结果。在图 3-13 所示的搜索结果窗口中,单击窗口工具栏上的"保存搜索"按钮即可把搜索结果保存在桌面上"我的文档"的"搜索"文件夹内。

3. 管理文件或文件夹

(1) 创建文件或文件夹。选定目标位置,右击空白处在弹出的快捷菜单中选中"新建"选项。

(2) 选择文件或文件夹。单击选中的目标,或者按住 Ctrl 键逐个单击多个目标。

（3）复制文件或文件夹。右击选定的文件或文件夹,在弹出的快捷菜单中选中"复制"选项,选定目标位置并右击,在弹出的快捷菜单中选中"粘贴"选项。

（4）移动文件或文件夹。右击选定的文件或文件夹,在弹出的快捷菜单中选中"剪切"选项,选定目标位置并右击,在弹出的快捷菜单中选中"粘贴"选项。

（5）重命名文件或文件夹。右击选定的文件或文件夹,在弹出的快捷菜单中选中"重命名"选项,然后输入新名称。

（6）删除文件或文件夹。选定文件或文件夹,单击 Delete 键。

（7）压缩与解压缩文件。右击要压缩的文件或文件夹,在弹出的快捷菜单中选中"发送到"|"压缩(Zipped)文件夹"选项。

右击要解压缩的文件或文件夹,在弹出的快捷菜单中选中"全部提取"选项,然后设置提取文件的路径并提取。

3.2 打造个性化的 Windows 7 桌面

通过本节的学习,将掌握如何设置个性化的桌面及任务栏,如何修改鼠标状态和设置系统声音,并且熟练掌握 Windows 7 用户账户的管理。

1. Windows 7 个性化桌面的设置

（1）显示桌面。单击任务栏最右侧的透明矩形框,可以最小化所有窗口直接显示出桌面内容。按 Windows+空格组合键也可以实现相同的功能。

（2）设置屏幕分辨率。右击桌面的空白位置,在弹出的快捷菜单中选中"屏幕分辨率"选项,在弹出的窗口中单击"分辨率"右侧的下拉按钮,拖动滑块选择分辨率,单击"确定"按钮。

（3）更改桌面主题。右击桌面的空白位置,在弹出的快捷菜单中选中"个性化"选项,在弹出的窗口中选中"Aero 主题"栏中的某一主题。

（4）更改墙纸。在计算机文件中,右击选定的某一图片,在弹出的快捷菜单中选中"设置为桌面背景"选项。

（5）桌面幻灯片。右击桌面的空白位置,在弹出的快捷菜单中选中"个性化"选项,在弹出的窗口中选择桌面背景,按住 Ctrl 键后选中喜欢的图片,选择图片变换周期,选中 Shuffle 使得图片随机显示。

（6）设置屏幕保护程序。右击桌面的空白位置,在弹出的快捷菜单中选中"个性化"选项,在弹出的窗口中选中"屏幕保护程序",在弹出的对话框中选择合适的屏幕保护程序。

（7）Screen Calibration 屏幕校准。利用 Windows 7 的显示校准向导功能可以适当调整屏幕的设置,使系统达到最佳显示效果。操作步骤是,按 Windows+R 组合键,打开"运行"对话框,输入命令 DCCW,打开"显示颜色校准"窗口。根据系统提示单击"下一步"按钮。当屏幕上出现"调节伽马"时,移动滑块圆圈中间小圆点可见性最小化,然后单击"下一步"按钮,在调整颜色平衡窗口中,移动滑块将色偏校正,然后单击"下一步"按钮,完成界面设置。选中"单击完成后启动 ClearType 调谐器以确保文本正确显示(推荐)",然后单击"完成"按钮,选中"启用 ClearType",单击"完成"按钮。

2. 任务栏部件的设置

（1）让任务栏变小。右击"开始"按钮，在弹出的快捷菜单中选中"属性"选项，在弹出的对话框是"任务栏"选项卡中选中"使用小图标"复选框。

（2）将常用的程序图标添加到任务栏。单击选定桌面上使用频率较高的程序图标，拖动程序图标到任务栏。

（3）将程序图标从任务栏上移除。右击任务栏上的程序图标，在弹出的快捷菜单中选中"将此程序从任务栏解锁"选项。

（4）显示或隐藏系统图标。右击任务栏空白处，在弹出的快捷菜单中选中"属性"选项，打开"任务栏和[开始]菜单属性"对话框。在"任务栏"选项卡上单击"通知区域"栏中的"自定义"按钮，选择某图标右侧的"行为"设置为显示或隐藏，单击"确定"按钮，如图3-14所示。

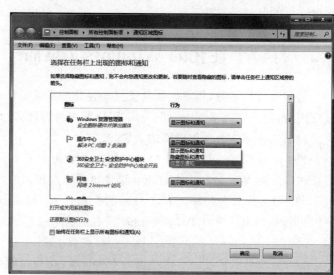

图3-14 显示或隐藏系统图标

（5）设置默认输入法。右击任务栏上的输入法图标，在弹出的快捷菜单中选中"设置"选项，在弹出的"文本服务和输入语言"对话框中选中要设置的输入法。单击"上移"按钮把选定的输入法移到最顶部，单击"确定"按钮，完成设置。

（6）调整系统日期和时间。单击任务栏右边的系统时间，单击"更改日期和时间设置"按钮，在弹出的"日期和时间"对话框中单击"更改日期和时间"按钮，设置合适的日期、时间｜单击"确定"按钮。

3. 打造个性化的鼠标和系统声音

（1）交换鼠标左右键。右击桌面的空白位置，在弹出的快捷菜单中选中"个性化"选项，在弹出的窗口中选中"更改鼠标指针"选项，在弹出的"鼠标属性"对话框的"鼠标键"选项卡中选中"切换主要和次要按钮"复选框，如图3-15所示。

（2）更改鼠标指针。在弹出的快捷菜单中选中"个性化"选项，在弹出的窗口中选中"更改鼠标指针"选项，在弹出的"鼠标属性"对话框的"指针"选项卡中选中"方案"中的一种，如图3-15所示。

（3）设置鼠标滚轮一次滚动的行数。右击桌面的空白位置，在弹出的快捷菜单中选中"个

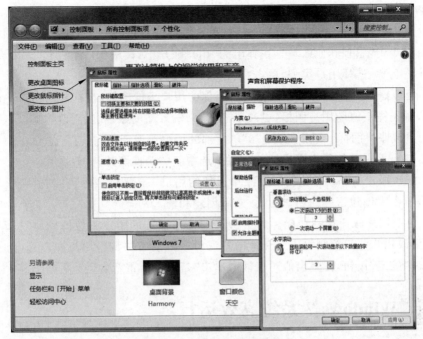

图 3-15 设置个性化的鼠标

性化"选项,在弹出的窗口中单击"更改鼠标指针"打开"鼠标属性"对话框。在"滑轮"选项卡的"垂直滚动"栏中设置一次滚动下列行数或者选择一次滚动一个屏幕,如图 3-15 所示。

(4)自定义系统声音。右击桌面的空白位置,在弹出的快捷菜单中选中"个性化"选项,在弹出的窗口下部单击"声音"图标,在打开对话框的"声音"选项卡中选中"Windows 登录",在下部的"声音"下拉列表框中选中要采用的声音,单击"测试"按钮,单击"确定"按钮,如图 3-16 所示。

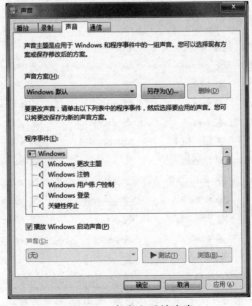

图 3-16 自定义系统声音

4. Windows 7 用户账户管理

（1）创建用户账户。单击"开始"按钮,单击"开始"菜单右上部的用户头像图标,在打开的窗口中单击"管理其他账户",在弹出的"用户账户"对话框中单击"创建一个新账户",输入新账户名称、选择用户类型,单击"创建账户"按钮。

（2）更改账户名称。单击"开始"菜单上部的用户头像图标,在打开的窗口中单击"管理账户",单击需更改的用户图标,更改账户名称,输入新的账户名,更改名称。

（3）更改账户图标。单击"开始"菜单上部的用户头像图标,在打开的窗口中单击"管理账户",单击需更改的用户图标,更改图片,选中新的头像图片,更改图片。

（4）创建账户密码。单击"开始"菜单上部的用户头像图标,在打开的窗口中单击"管理账户",单击需创建密码的用户图标,然后创建和输入密码。

（5）更改用户账户控制功能。单击"开始"菜单上部的用户头像图标,在打开的窗口中单击"更改用户账户控制设置",在弹出的窗口中拖动滑块调整用户账户到合适的通知状态,单击"确定"按钮,在弹出的对话框中单击"是"按钮,重新启动计算机。

3.3 让 Windows 7 系统高效运行

在系统的使用过程中,经过应用程序的安装卸载、文件的移动删除等操作,都会对 Windows 7 的性能产生影响,这时就需要对系统进行合理有效的维护和优化,以保持系统的稳定运行。这节就介绍应用程序的设置、强制结束、修复及卸载等维护方法,以及磁盘清理及碎片整理的方法。

（1）安装系统组件。控制面板|查看方式选择"大图标"如图 3-17 所示|选择"程序和功能"|打开或关闭 Windows 功能|勾选要安装的组件,如图 3-18 所示|确定。

图 3-17　控制面板中选择"大图标"查看方式

图 3-18 打开或关闭 Windows 功能

(2) 修复损坏的程序。将控制面板的查看方式设为"大图标",单击"程序和功能",在弹出的窗口中选中要修复的程序名,单击"修复"按钮。

(3) 设置打开文件时默认使用的程序。单击"开始"按钮,在"开始"菜单的右栏中单击"默认程序",在打开的控制面板窗口中单击"设置默认程序",选择要设置的程序选项,如在程序框中选中 Windows Media Player,如果选择"将此程序设置为默认值",则在默认情况下首选 Windows Media Player 来打开它能识别的所有媒体文件;如果选择"选择此程序的默认值",则可根据文件的扩展名单独设置程序对此类文件的关联,如图 3-19 所示。

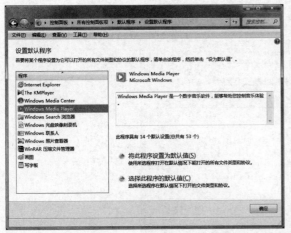 

图 3-19 设置打开文件时默认使用的程序

(4) 卸载应用程序。对于那些没有自带卸载(uninstall)程序的软件,可通过这种方式来完成软件的卸载。控制面板|程序"卸载程序"|在显示的列表里选择要卸载的程序名|单击"卸载"按钮。

(5) 卸载已安装的 Windows 7 系统更新。在控制面板中单击"程序和功能"卸载程序，在窗口左侧单击"查看已安装的更新"，选择要卸载的更新，单击"卸载"按钮。

(6) 自定义 Windows 开机加载程序。单击"开始"按钮，在"开始"菜单下部的"搜索程序和文件夹"框内输入命令"msconfig"后回车，在弹出的"系统配置"对话框中单击"启动"选项卡，如图 3-20 所示。把列表中取消选中不需要开机启动的程序，单击"确定"按钮，重新启动。

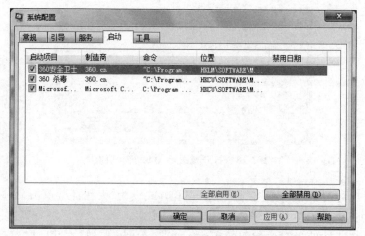

图 3-20　自定义 Windows 开机加载程序

(7) 结束运行中没有响应的程序。按住 Ctrl＋Alt＋Delete 组合键，从弹出如图 3-21 所示的对话框中选中"启动任务管理器"，在弹出的"Windows 任务管理器"窗口的"应用程序"选项卡中选中没有响应的程序，单击"结束任务"按钮，在弹出的确认框中单击"立即结束"按钮。

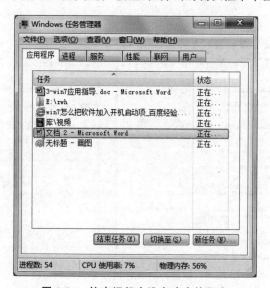

图 3-21　结束运行中没有响应的程序

(8) 关闭"轻松访问中心"的程序。将控制面板的查看方式设为"大图标"，单击"轻松访问中心"，然后关闭为残障人士设计的各项辅助功能。

(9)清理磁盘中的垃圾文件以释放磁盘空间。单击"开始"按钮,在"开始"菜单中选中"所有程序"|"附件"|"系统工具",在弹出的对话框中的"磁盘清理"选项卡中选择要清理的驱动器,在"要删除的文件"列表栏中选中要清理的文件类型,单击"确定"按钮,如图3-22所示。

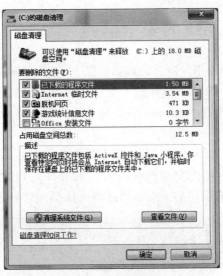

图 3-22　磁盘清理

(10)整理磁盘中的碎片文件以提高读写速度。单击"开始"按钮,在"开始"菜单中选中"所有程序"|"附件"|"系统工具"|"磁盘碎片整理程序",在弹出的窗口中选中需要整理的磁盘后单击"分析磁盘"按钮,根据分析结果,如果需要就单击"磁盘碎片整理"按钮进行处理,如图3-23所示。

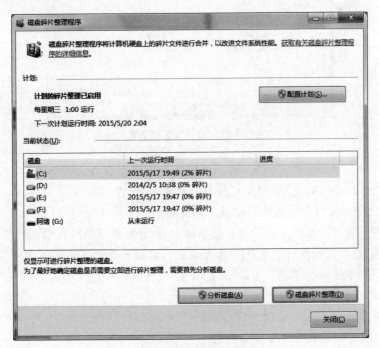

图 3-23　磁盘碎片整理

（11）将系统设置为最佳性能。右击桌面上的"计算机"图标,在弹出的快捷菜单中选中"属性"选项,在弹出的对话框的"高级"选项卡中单击"性能"栏的"设置"按钮,选中"调整为最佳性能",单击"确定"按钮。

3.4　Windows 7 系统的安全措施

Windows 7 系统管理着用户所有的数据信息,一旦系统崩溃,将会造成巨大损失。所以平时就该做好系统文件和数据的备份工作,以备在系统出现故障后将损失降到最低。通过本节的练习,能熟练掌握 Windows 7 系统还原的操作过程、掌握创建系统修复盘及注册表备份还原的方法。

（1）管理 Windows 7 操作中心的提示消息。单击任务栏右部的小旗子图标,然后选中"打开操作中心",单击窗口左侧边栏中的"更改操作中心设置"链接,在列出的"安全消息"及"维护消息"下选中或取消需要提示消息的项目,单击"确定"按钮,如图 3-24 所示。

图 3-24　打开或关闭消息

（2）启用或关闭 Windows 防火墙。将控制面板的查看方式设为"类别",单击"系统和安全",在"Windows 防火墙"栏中可设置打开或关闭 Windows 防火墙,在如图 3-25 所示的"自定义设置"窗口中可选中启动或关闭防火墙。

（3）打开硬盘的系统保护功能。右击桌面上的"计算机"图标,在弹出的快捷菜单中选中"属性"选项,在弹出的窗口左侧单击"系统保护",直接定位到系统属性中的"系统保护"选项卡,然后选中"本地磁盘(C:)",单击"配置",选中"还原系统设置和以前版本的文件"单选按钮,单击"确定"按钮,如图 3-26 所示。

（4）创建系统还原点。在前面的系统属性对话框的"系统保护"选项卡中单击"创建"按钮,输入要创建的还原点名称,单击"创建"按钮,如图 3-27 所示。

图 3-25 启用或关闭 Windows 防火墙

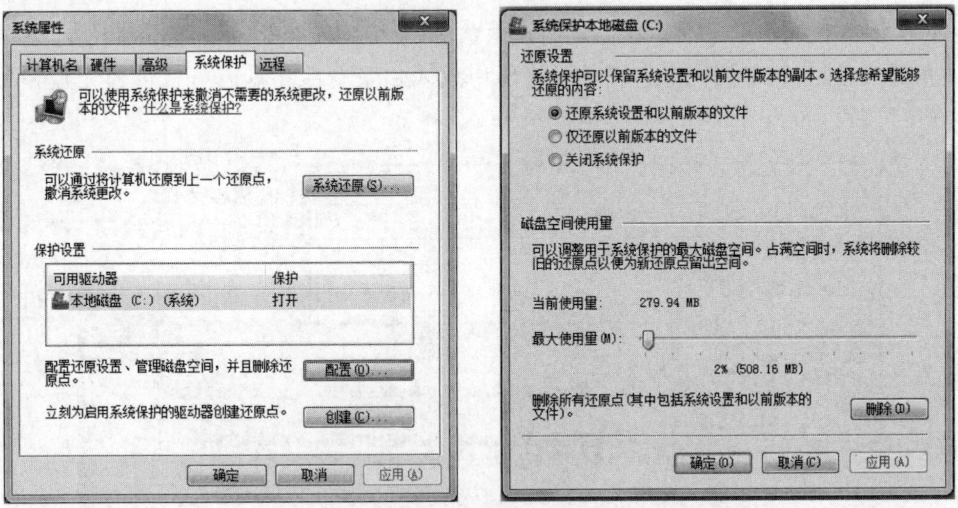

图 3-26 打开硬盘的系统保护功能

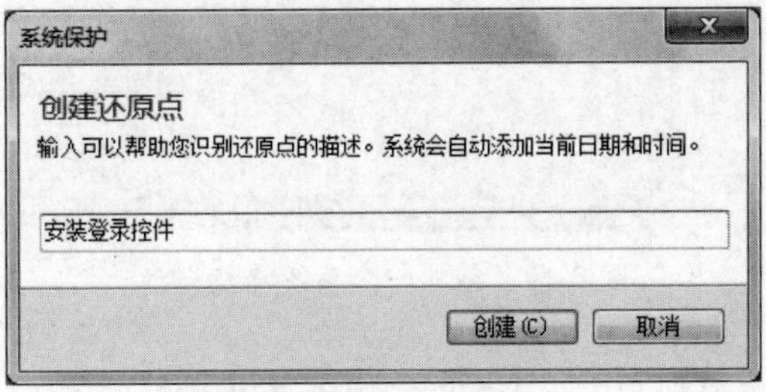

图 3-27 创建还原点

（5）利用还原点将系统还原到以前的某个状态。在前面的系统属性对话框的"系统保护"选项卡中单击"系统还原"按钮,选中想要的还原点,单击"扫描受影响的应用程序",Windows就会告知哪些应用程序受到影响,通过选择还原点进行删除或者是修复,如图 3-28 所示。

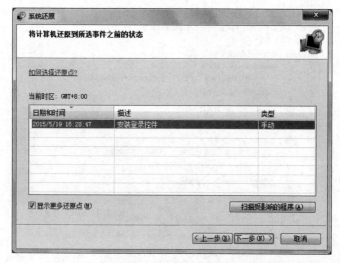

图 3-28　将计算机还原到所选事件之前的状态

（6）创建系统修复光盘。在控制面板中单击"系统和安全",单击"备份和还原",单击左上角的"创建系统修复光盘",在刻录光驱中放入一张空白光盘,单击"创建光盘",再单击"确定"按钮,如图 3-29 所示。

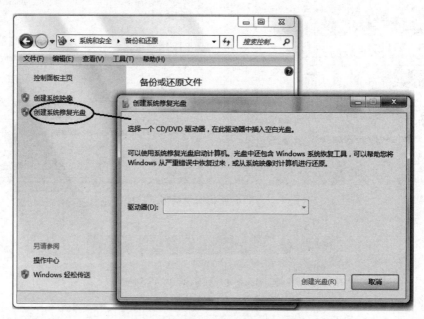

图 3-29　创建一个系统修复光盘

（7）备份 Windows 7 注册表。单击"开始"按钮,在搜索框中输入"regedit",单击打开"注册表编辑器"窗口选中"文件"|"导出"菜单项,选中保存位置并输入备份文件名,单击"保存"按钮。

以后需要时,双击此备份文件即可对系统注册表进行还原。

(8) 加密移动 USB 设备。右击可移动设备,在弹出的快捷菜单中选中"启动 BitLocker"选项。注意,一旦加密后,不易解除,但可以通过关闭加密状态来间接解密。

3.5 Windows 7 的实用小功能

Windows 7 操作系统中自带了一些功能简单且非常实用的小程序,如 DVD 视频刻录、记事本、写字板、画图、计算器等,这里将对它们进行讲解。另外还要介绍一些贴近生活的 Windows 7 实用的小功能。

1. 刻录 DVD 视频光盘

利用 Windows DVD Maker 可以把音频、视频或静止的图片刻录成 DVD 视频光盘,并可以为图片或视频添加各种切换效果,以及设计个性化的 DVD 菜单等。

单击"开始"按钮,在"开始"菜单中选中"所有程序"| Windows DVD Maker,在弹出的窗口中单击"添加项目"按钮,在弹出的"将项目添加到 DVD"窗口中选中要添加到 DVD 中的视频文件,单击"添加"按钮,如图 3-30 所示。

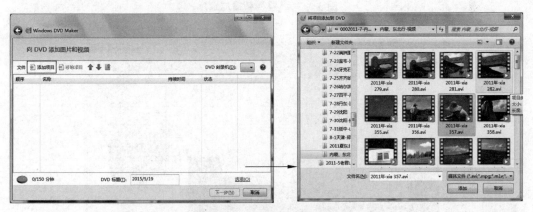

图 3-30 选择要刻录的项目

如图 3-31 所示,在弹出的"向 DVD 添加图片和视频"窗口里,审核候选视频的顺序列表,利用窗口中的上移、下移按钮调整视频播放顺序,单击"移除项目"按钮,可去掉不满意的内容,单击"下一步"按钮,进入"准备刻录 DVD"窗口。

在如图 3-32 所示的"准备刻录 DVD"窗口中,单击"菜单文本"弹出"更改 DVD 菜单文本"窗口,如图 3-33 所示可输入 DVD 标题文字并设置字体颜色,例如输入标题"骑行内蒙小镇"并设置字形为加粗,颜色为红色,然后单击"更改文本"按钮,回到上一级的"准备刻录 DVD"窗口。

在"准备刻录 DVD"窗口中拖动窗口右部"菜单样式"边的滚动条,为 DVD 选择一种开始时的菜单样式,如图 3-34 所示是选中"旅行"菜单的画面。单击"预览"观察播放效果,若满意则单击"刻录"按钮,开始刻录 DVD。

2. 计算器

Windows 7 的计算器除了科学计算器功能外,还加入了统计、单位转换、日期计算及

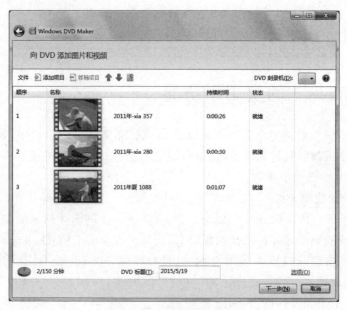

图 3-31 调整视频播放顺序

图 3-32 "准备刻录 DVD"窗口

贷款、租赁计算等实用功能。单击"开始"按钮,从"开始"菜单中选中"所有程序"|"附件"|"计算器",打开计算器窗口,选中"查看"|"科学型"选项,如图 3-35 所示。

(1)单位换算功能:可将面积、角度、功率、体积等的不同计量进行相互转换。

选中"查看"|"单位转换"菜单项,单击窗口右侧的▼按钮,选择要转换的单位类型,例如"重量"|"从"下输入数值"10",并选择单位为"磅",在"到"下选择单位为"千克",则立刻

图 3-33　设置 DVD 标题文字

图 3-34　选择视频的"开始"菜单样式

显示出数字"4.5359237",如图 3-35 所示。

（2）日期计算功能：可进行时间的倒计时计算。

（3）"工作表"菜单：可以计算贷款月供额、油耗等,这些非常贴近现实生活的功能,给使用者带来了许多便利。

例如,买套 100 万的房子,首付是 20 万,贷款 20 年,利率 6.5%,利用计算器可以求出

月供的值,方法是,选中"查看"|"抵押"菜单项,如图3-36所示。设置好各项,单击"计算"按钮,得出每月需还房贷5964元。

图3-35 计算器的"单位换算"功能

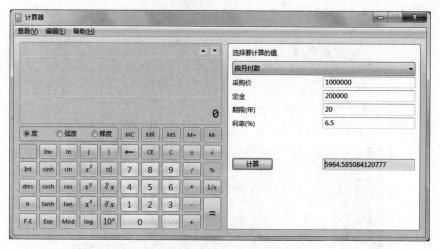

图3-36 计算器的"工作表/抵押"功能

3. 记事本

记事本是一个功能非常简单的文本编辑器,不接受图片和复杂的排版格式。如图3-37所示,一篇华为手机的图文广告,在记事本里打开后,就只显示文本信息,图片及彩色文字修饰都消失了。所以,记事本常用来查看和编辑不需要格式设置的纯文本文件,有时也利用它来编辑网页(html)文件、高级语言源程序,文件类型为".txt"文件。

4. 写字板

"写字板"相当于一个简易的Word程序,如图3-38所示,就是一篇华为手机的图文广告,不仅可以创建带有复杂格式或图形的文本文档,而且还可以图文混排,插入图片、声音、视频剪辑等多媒体资料,还可以将数据从其他文档链接或嵌入其中,实现多个应用程序之间的数据共享,其默认文件类型为".rtf"。

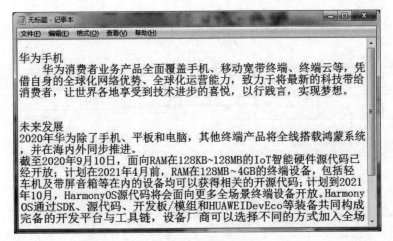

图 3-37 记事本

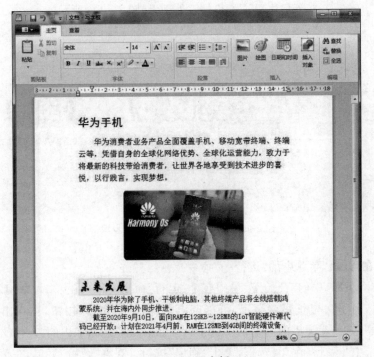

图 3-38 写字板

5. 画图

"画图"是一个简单的图形应用程序,它具有一般绘图软件所必备的基本功能,"画图"创建的默认文件类型是位图文件(.PNG),也可"另存为"其他格式,如 jpg、gif、bmp、tiff 等扩展名的图像文件。在"开始"菜单"所有程序"列表的"附件"文件夹中单击"画图"项,即可启动画图程序。

如图 3-39 所示,列出了"画图"软件在处理图像时所用的工具的功能。

6. 使用截图工具

单击"开始"按钮,选中"所有程序"|"附件"|"截图工具"选项,在弹出的窗口中选中"文件"|

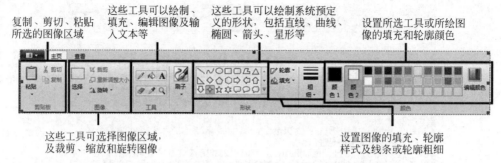

图 3-39 "画图"软件在处理图像时所用的工具的功能

"新建"菜单项,直接拖动鼠标截取合适的区域(或者单击"新建"命令边的下拉箭头,选择"任意格式截图""矩形截图""窗口截图""全屏幕截图"4 种截图方式之一),截取成功后选中"文件"|"另存为"菜单项,将截图保存为 HTML、PNG、GIF 或 JPEG 文件或者直接复制到 Office 文档、"画图"、Photoshop 等程序里进一步加工处理,如图 3-40 中所示的①、②、③步骤。

图 3-40 使用截图工具的操作步骤

7. 启用在"开始"菜单中的"运行…"命令

在 Windows XP 中的"开始"菜单中有个"运行"命令,可以直接输入常用的系统指令。在 Windows 7 中这一功能被隐藏了,可以调出来。右击"开始"按钮,在弹出的快捷菜单中选中"属性"选项,在弹出的对话框中选中「开始」菜单"选项卡中的"自定义"按钮,在弹出的列表中选中"运行命令"复选框,单击"确定"按钮。观察"开始"菜单,在菜单右部列表中已添加有菜单"运行…"。

8. 切换到投影仪

按住 Windows+P 组合键或者是运行 DisplaySwitch.exe,选中所需要投放的内容,即可在多种显示模式之间切换,如"复制""扩展""仅在投影仪上显示"等,如图 3-41 所示。

图 3-41 切换到投影仪

9. 桌面放大镜

按 Windows+ +（或 -）组合键，即可调出桌面放大镜，用于缩放桌面上的任何地方。另外可以设置放大镜状态，如选择反相颜色、跟随鼠标指针、跟随键盘焦点或者文本的输入点等，如图 3-42 所示。

图 3-42　桌面放大镜

3.6　Windows 7 如何连接网络

现代社会工作学习或娱乐都与互联网紧密相关，Windows 7 可以让用户更加方便地将电脑接入到 Internet，或与其他电脑组建成局域网，从而共享资源提高工作效率。本节就来介绍连接 Internet 的网络配置方法，以及无线网络的设置和资源共享方面的内容。

1. 查看网络映射

单击任务栏通知区域中的网络图标，选中"打开网络和共享中心"选项，单击窗口右上角的"查看完整映射"按钮。

如果将鼠标指针指向映射中的某个节点图标，就会显示出该设备的 IP 地址和 MAC 地址等信息。

2. 设置有线网

单击任务栏右侧的网络按钮，打开"网络和共享中心"窗口，单击"设置新的连接或网络"，在弹出的窗口中选中"连接到 Internet"，如图 3-43 所示。

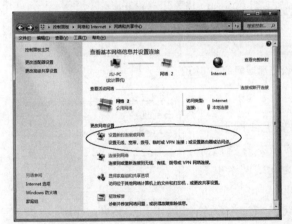 

图 3-43　设置有线网步骤 1

选择小区宽带或者 ADSL 用户，若选择"宽带（PPPoE）"，则需再输入用户名和密码即可；若是电话线和调制解调器上网，则在连接类型中选择"拨号"，再输入电话号码、用户名、密码等信息，如图 3-44 所示。

3. 设置局域网的 IP 地址

单击"网络和共享中心"窗口中的"本地连接"，在"本地连接 状态"对话框中单击"属性"，双击"Internet 协议版本 4"，单击"使用下面的 IP 地址"，输入或修改 IP 地址子网掩码及默认网关等，单击"确定"按钮，步骤如图 3-45 所示。

图 3-44　设置有线网步骤 2

图 3-45　设置局域网的 IP 地址

4．利用无线网上网

如果用户使用的是 USB 接口的外置无线网卡，则需要为网卡安装驱动程序。如果使用的是本身就内置无线网卡的笔记本计算机，则系统早已为无线网卡安装好驱动，无须再安装。

启用无线网卡，单击任务栏上的无线网卡工作状态图标 ，以自动搜索附近的无线网络信号，在弹出的"无线网络连接"窗口中选中要连接的无线网络，单击"连接"，如图 3-46 所示。

当无线网络连接上后，单击任务栏上的"网络"图标时，在"当前连接到"区域中会显示多个刚才选择的无线网络，再次单击，即可选择断开网络连接。

图 3-46　"无线网络连接"窗口

第4章 办公软件应用实例

4.1 Word 2013 排版实例

本章通过文档的文档编辑、图形编辑、表格编辑、论文排版综合操作这4个实验,讲述 Word 2013 的基本使用以及比较复杂的图、文、表混合排版,使学生通过实验指导掌握文字处理软件的应用,解决学习和工作中遇到的实际排版问题。

4.1.1 文档编辑排版

1. 样例文字

文档编辑所需文字,如图 4-1 所示。

> 钟南山出生于医学世家,广州医科大学附属第一医院国家呼吸系统疾病临床医学研究中心主任,中国工程院院士,中国医学科学院学部委员,中国抗击非典型肺炎的领军人物。国家卫健委高级别专家组组长、国家健康科普专家。
> 2007 年 10 月任呼吸疾病国家重点实验室主任。
> 2019 年被聘为中国医学科学院学部委员。
> 2020 年 8 月 11 日,习近平签署主席令,授予钟南山"共和国勋章"。
> 2020 年 9 月 4 日,钟南山入选 2020 年"全国教书育人楷模"名单。
> 2020 年 9 月 3 日,入选世卫组织新冠肺炎疫情应对评估专家组名单。
> 钟南山长期致力于重大呼吸道传染病及慢性呼吸系统疾病的研究、预防与治疗,成果丰硕,实绩突出。

图 4-1 样例文字

2. 标题与正文字体及段落设置

在新建文档中输入样例文字,设置文章标题"钟南山",字体格式设置成楷体、三号,加粗、居中,将标题的段前、段后间距设置为 1 行。

将正文文字设置为黑体、小四,将正文设置单倍行距,首行缩进 2 字符。

3. 首字下沉

(1)选择第一段起始文字"钟南山"。

(2)在"插入"选项卡的"文本"组中单击"首字下沉"按钮,选中"首字下沉选项(D)…"选项,在弹出的"首字下沉"对话框内设置首字下沉的字体类型、下沉行数以及距正文距离,如图 4-2 所示。

4. 中文版式

选择第一段文字"医学世家",在"开始"选项卡的"字体"组中单击"拼音指南"按钮,在弹出的"拼音指南"对话框内,设置对齐方式、字体、字号,如图 4-3 所示。

图 4-2 "首字下沉"对话框

5. 带圈字符

选择第一段文字"科普专家",在"开始"选项卡的"字体"组中单击"带圈字符"按钮,在弹出的"带圈字符"对话框,分别为"科""普""专""家",设置样式圈号,如图 4-4 所示。

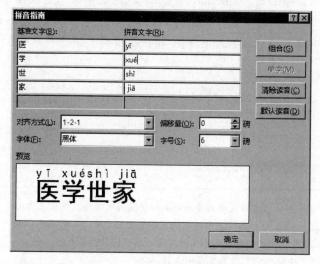

图 4-3 "拼音指南"对话框

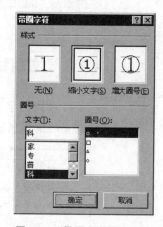

图 4-4 "带圈字符"对话框

6. 设置编号

选中需要设定编号的第 2~6 段落,在"开始"选项卡的"段落"组中单击"编号"的下三角按钮,在"编号库"中选中编号样式,如图 4-5 所示。

7. 尾注

正文第 4 段"共和国勋章"添加尾注,在"引用"选项卡的"脚注"组中单击"插入尾注"按钮,输入尾注文字"共和国勋章,是中华人民共和国最高荣誉勋章,授予在中国特色社会主义建设和保卫国家中作出巨大贡献、建立卓越功勋的杰出人士"。

8. 保存

文档编辑完成后,如图 4-6 所示。

第4章 办公软件应用实例 47

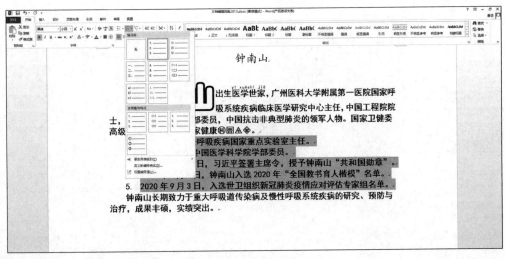

图 4-5 设置"编号"

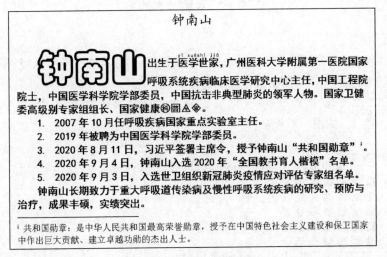

图 4-6 文档编辑效果图

在"文件"选项卡中选中"另存为"选项,在弹出的"另存为"对话框中设置文件的保存位置和文档名,保存文档。

4.1.2 图形编辑排版

1. 艺术字

(1) 选定正文的第一行,在"插入"选项卡的"文本"组中单击"艺术字"下三角按钮,在"艺术字"字库内选中"填充-白色,轮廓-着色1,阴影"样式,输入文字"袁隆平"。

(2) 在"绘图工具|格式"选项卡的"形状样式"组的"形状效果"下拉列表中,选中"映像"|"映像变体"|"全映像,4pt偏移量"样式,如图4-7所示。

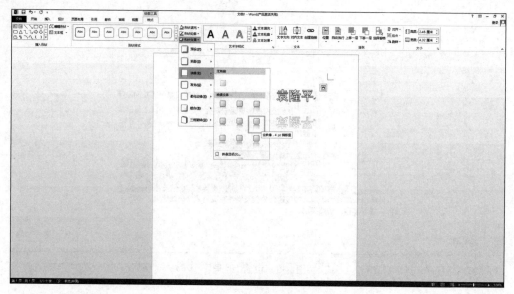

图 4-7 设置"艺术字"

2. 组合图形

（1）在"插入"选项卡的"插图"组中单击"形状"下拉三角按钮，选中"基本形状"|"笑脸"图标，鼠标变成十字形，拖动鼠标绘制图形。

（2）在"绘图工具|格式"选项卡的"形状样式"组的"其他"样式库中，选中"彩色轮廓-蓝色，强调颜色1"，如图4-8所示。

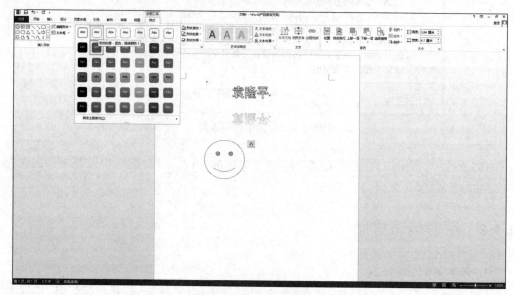

图 4-8 "笑脸"形状样式

（3）选中"形状"|"星与旗帜"|"十字星"图标，添加在笑脸右上角。在"形状填充"|"纹理"列表内选中"花束"选项，如图4-9所示。

（4）按Ctrl键分别选中两个图形，右击，在弹出的快捷菜单中选中"组合"|"组合"选

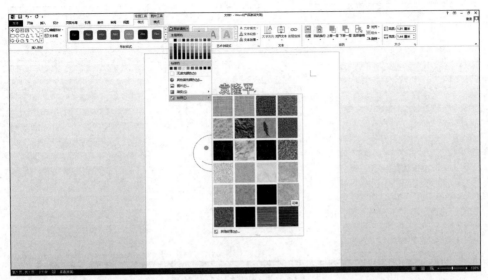

图 4-9 "十字星"的形状填充

项,将两个图形组合为一个图形,如图 4-10 所示。

图 4-10 组合图形

(5) 组合后的图形,在"图片工具|格式"选项卡的"形状样式"组中选中"形状效果"|"阴影"|"外部"|"向左偏移"效果,如图 4-11 所示。

3. 图片

(1) 在"插入"选项卡的"插图"组中单击"图片"按钮,在"插入图片"对话框内选择一张图片。在"图片工具|格式"选项卡中单击"图片边框"下拉三角按钮,设置"粗细"为"0.25 磅"选项,如图 4-12 所示。

图 4-11 组合图形的形状效果

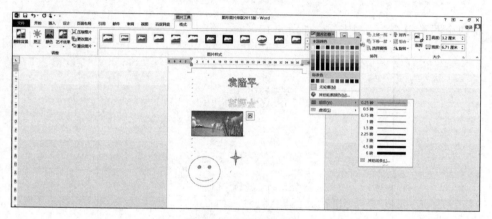

图 4-12 设置图片边框

（2）选中图片，在"图片工具|格式"选项卡的"图片样式"组中选中"图片效果"|"柔化边缘"|"10 磅"选项，如图 4-13 所示。

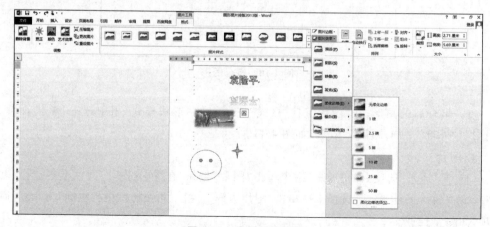

图 4-13 设置图片效果

4. 水印

在"设计"选项卡的"页面背景"组中单击"水印"向下三角按钮,单击"自定义水印(W)…"选项,在弹出"水印"对话框中,设置文字水印的文字为"杂交水稻之父"、字体为"隶书"、字号为"105"、颜色为"红色"、版式为"斜式",如图 4-14 所示。

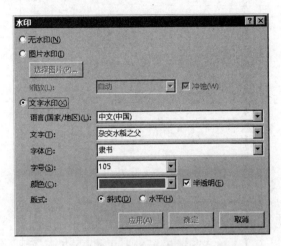

图 4-14 设置水印

5. 边框底纹

在"开始"选项卡的"段落"组中单击"边框"的向下三角按钮,在其下拉列表中单击"边框和底纹",弹出"边框和底纹"对话框。在"页面边框"选项卡中,设置"方框",样式"艺术型",如图 4-15 所示。

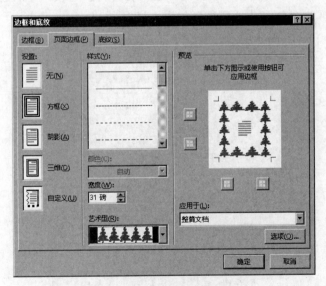

图 4-15 设置页面边框

添加页面边框效果图,如图 4-16 所示。

图 4-16　图片编辑效果图

6. 页面颜色

在"设计"选项卡的"页面背景"组中单击"页面颜色"向下三角按钮,在其下拉列表中单击"填充效果"选项,弹出"填充效果"对话框。在"渐变"选项卡中,设置"预设颜色"为"雨后初晴","底纹样式"为"中心辐射",如图 4-17 所示。

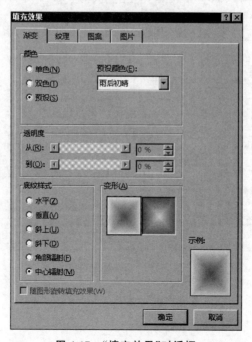

图 4-17　"填充效果"对话框

图形编辑效果图,如图4-18所示。设置文件保存位置,建立文件名保存文档。

图4-18　图形编辑效果图

4.1.3　表格编辑排版

1. 表格题目

表格题目为"继续学习费用统计表",字体为"楷体",字号为"三号",字形为"加粗",对齐方式为"居中对齐"。

2. 绘制表格

(1) 在"插入"选项卡的"表格"组中单击"表格"按钮,选中"绘制表格"选项,鼠标为笔状,绘制表格雏形。

(2) 在"表格工具|布局"选项卡的"单元格大小"组中设置表格宽度"2.15厘米",平均"分布行""分布列",如图4-19所示。

3. 套用表格样式

在"表格工具|设计"的"表格样式"组选中"浅色列表-着色1"套用表格样式,如图4-20所示。

4. 设置内框线

选中整个表格,在"表格工具|设计"选项卡的"表格样式"组中单击"边框"按钮,在弹出的下拉菜单中选中"边框和底纹"选项,弹出"边框和底纹"对话框。在"边框"选项卡中设置"自定义""方框"的样式为虚线,在预览框添加内边框,如图4-21所示。

5. 合并单元格

选择表格最后一行中的两个单元格,在"表格工具|布局"选项卡的"合并"组中单击

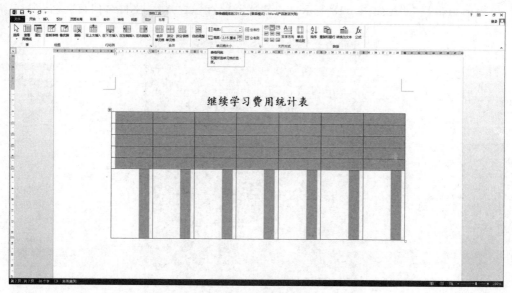

图 4-19　布局表格行、列

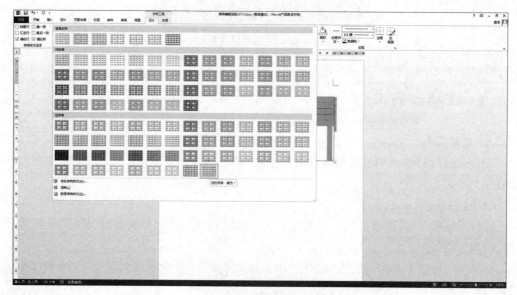

图 4-20　套用表格样式

"合并单元格"按钮,将单元格合并为一个单元格,如图 4-22 所示。

6. 设置文字的对齐方式

(1) 输入表格中数据后,选中整个表格,设置文字字体为"华文细黑",字号为"五号",字形为"加粗"。

(2) 选择表格,在"表格工具|布局"的"对齐方式"组中单击"水平居中"按钮,如图 4-23 所示。

(3) 选择最后一行文字并右击,在弹出的快捷菜单中选中"文字方向"选项,在弹出的对话框内选中"竖排文字";选中"单元格对齐方式"为"中部居中",如图 4-24 所示。

第 4 章　办公软件应用实例

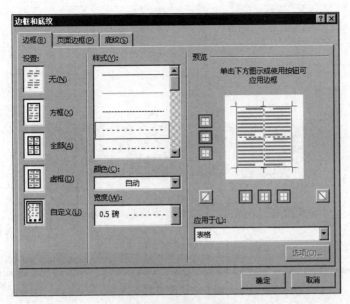

图 4-21　设置内边框

图 4-22　合并单元格

7. 公式

在"表格工具|布局"选项卡的"数据"组中单击"公式"按钮进行总计统计，如图 4-25 所示。在设置完第一个单元格公式后，选取下一个单元格，按 F4 键，公式可以自动添加，生成总计(元)。

8. 添加底纹

选中表格第 1 列，在"表格工具|设计"选项卡的"表格样式"组中单击"底纹"按钮，在下拉框中选择颜色为"橙色，着色 6，淡色 60%"，如图 4-26 所示。

图 4-23　水平居中对齐方式

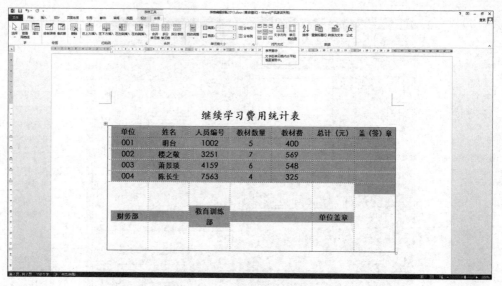

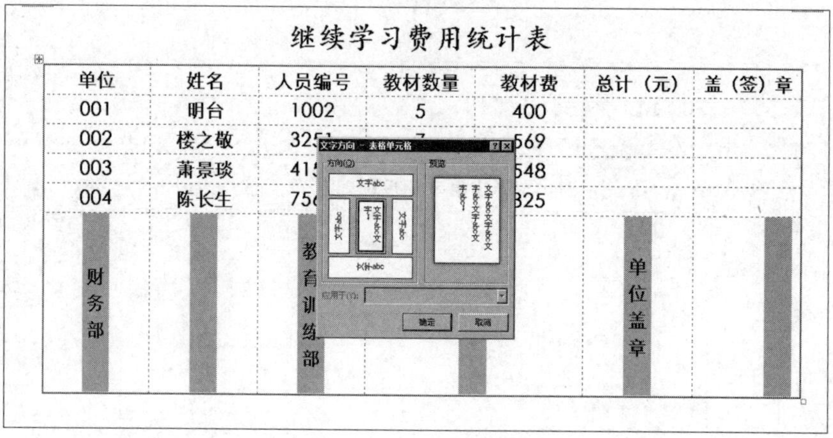

图 4-24　设置文字方向

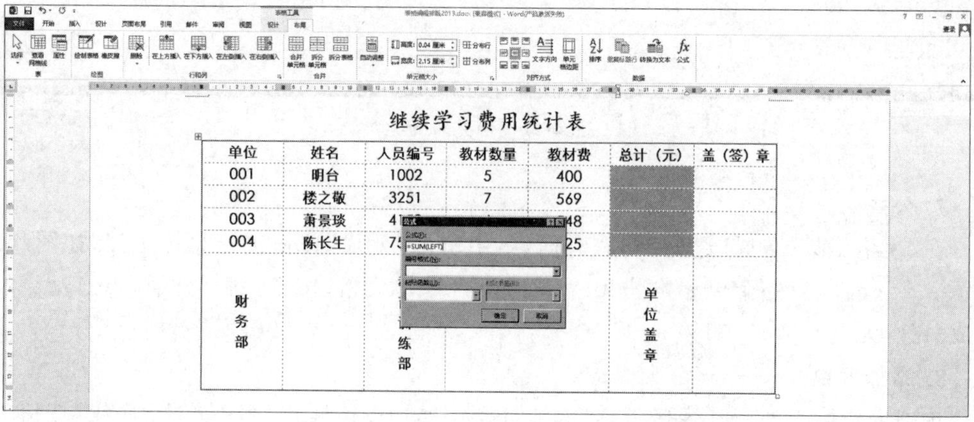

图 4-25　公式统计

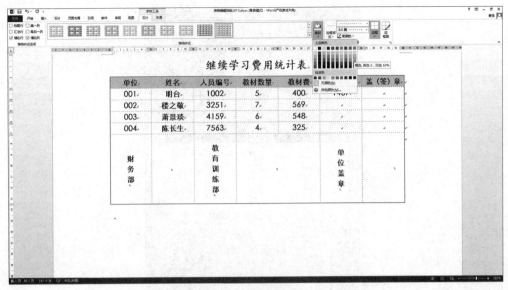

图 4-26 添加边框底纹

4.1.4 毕业论文排版

本科生毕业设计论文是学生对所学专业毕业设计工作取得成果的完整表述。论文的格式要求十分严格,必须按照学校规定的要求排版。本节通过本科生毕业设计论文排版实例,要求掌握 Word 的页面设置、样式、目录、页眉、页码、公式、脚注、图片、表格等知识点。

首先进行页面设置,在"页面布局"选项卡中单击"页面设置"组的对话框启动器按钮,弹出"页面设置"对话框,如图 4-27 所示。分别设置"页边距""纸张大小"等信息,要求使用标准的 A4 打印纸(29.7 厘米×21 厘米)。

毕业设计论文一般字数较多,为了阅读方便,在页面设置中调整字行之间的间距,使内容更清晰,如图 4-28 所示。

1. 封面

封面由学校统一印制,封面内容的由学生打印或填写,要美观、工整、清晰,提交论文的具体时间,用汉字打印或书写,外语等特殊专业除外,如图 4-29 所示。

论文题目应简明扼要地概括和反映出论文的核心内容,一般不宜超过 25 字。封面所填内容文字字体为"宋体",字号为"三号"。保持封面线形、位置及长度,不得随意改变。

2. 摘要

概括反映本论文的主要内容,具有独立性和自创性,包括研究工作目的、方法、结果和结论,要突出本论文的创造性成果。语言精练准确,毕业设计论文建议 500 字以内。摘要中不可出现图片、图表、表格或其他插图材料。摘要标题用"小二""黑体""居中"排印,然后隔行打印摘要的文字部分,摘要内容按照正文要求处理。

一般情况下,摘要、章节标题、结论、附录、参考文献之类的都是一级标题,其余的是二

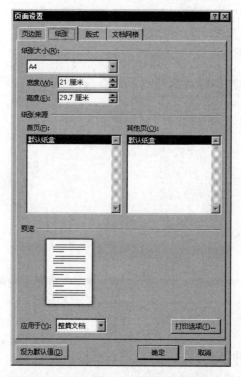

图 4-27 "页面设置"对话框的"纸张"选项卡

图 4-28 "页面设置"对话框的"文档网格"选项卡

图 4-29　毕业论文封面

级、三级标题,这里在样式中设置。

在"开始"选项卡的"样式"组中选中"标题 1",如图 4-30 所示。如果样式不够使用,单击"样式"窗口下"应用样式"按钮,在"应用样式"对话框中单击"修改"按钮,弹出"修改样式"对话框,如图 4-31 所示。

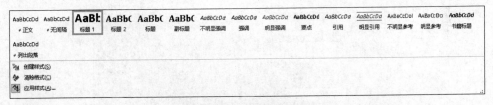

图 4-30　"样式"组窗口

默认的"标题 1"样式包含的大纲等级是 1 级,"标题 2"是 2 级,以此类推。大纲等级所起作用至关重要,比如,后面提到的目录生成,就完全依赖于大纲等级的设置,以及多级符号等。

3. 关键词

关键词与内容摘要同处一页,位于内容摘要之后,空一行,另起一行并以"关键词:"开头(黑体字),后跟 3~5 个关键词(字体不加粗),关键词之间空一字,其他要求同正文。关键词如需转行应同第一个关键词对齐。

4. 目录

目录将论文内的章节标题依次排列。在"引用"选项卡的"目录"组中单击"目录"按钮,在"目录"下拉框中选中"插入目录",弹出"目录"对话框,如图 4-32 所示。

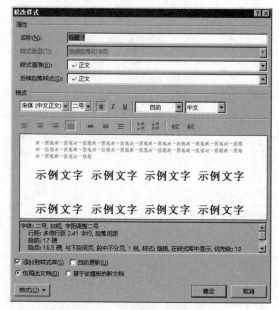

图 4-31 "应用样式"对话框和"修改样式"对话框

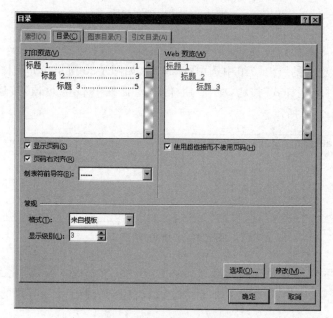

图 4-32 "目录"对话框

5. 正文

正文是学位论文的主体和核心部分,每一章一级标题应另起页,一般包括以下几个方面。

① 引言(第1章):包括研究的目的和意义、问题的提出、选题的背景、文献综述、研究方法、论文结构安排等。

② 各具体章节:本部分是论文作者的研究内容,是论文的核心。各章之间互相关

联,符合逻辑顺序。

③ 结论(最后1章):论文最终和总体的结论,应明确、精练、完整、准确。结论应包括论文的核心观点,交代研究工作的局限,提出未来工作的意见或建议。

(1) 层次标题。在标题前自动生成章节号,比如"第×章"、"1.1"等,需要对标题进行大纲等级设置。在"开始"选项卡的"段落"组中单击"多级列表"按钮,在下拉菜单中选择定义多级列表,如图4-33所示。

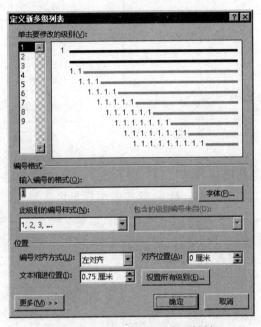

图 4-33 "定义新多级列表"对话框

(2) 页眉与页脚。分节为页眉页脚的基础,有关页眉页脚的要求一般都要先通过分节设置实现。在"页面布局"选项卡的"页面设置"组中单击"分隔符"按钮,可插入分节符。

在"插入"选项卡的"页眉和页脚"组中"页眉"下拉框中选中"编辑页眉"选项,出现"设计"选项卡,根据需要完成页眉的设置。

选中页眉,在"引用"选项卡的"题注"组中单击"交叉引用"按钮,弹出"交叉引用"对话框,如图4-34所示。在"引用类型"类型中选中"标题"项,"引用内容"选中"标题文字",单击"插入"按钮,然后跟正文一样设置页眉格式。如果在页眉中加入其他内容,如页码或其他文字等,方法如上述一致。

(3) 图、表格、表达式。

① 图。论文图包括曲线图、构造图、示意图、框图、流程图、记录图、地图、照片等。

图的编号及引用主要利用题注,图题注在图片下方,右击图片,在弹出的快捷菜单中选中"插入题注",如图4-35所示。

图设置要求:"设置图片格式"的"版式"为"上下型"或"嵌入型",不得"浮于文字之上"。图的大小尽量以一页的页面为限,不要超限,一旦超限要加续图。图名与下文留一空行。图及其名称要放在同一页中,不能跨接两页。中文图名设置为宋体、五号、居中。英文名称设置为Times New Roman、五号、居中。

图 4-34 "交叉引用"对话框

图 4-35 "题注"对话框

② 表。表中参数应标明量和单位的符号。表一般随文排,先见相应文字后见表。

表要用 Word 绘制,不要粘贴。表的版式大小尽量以一页的页面为限,不要超限,一旦超限要加续表。表名应当在表的上方并且居中。编号应分章编号,如表2.1 和表2.2 所示。表名与上文留一空行。表内文字全文统一,设置为宋体、五号。中文表名设置为宋体、五号、居中。英文名称设置为 Times New Roman、五号、居中。

③ 表达式。表达式主要指数学表达式,也包括文字表达式。表达式需另行起排,并用阿拉伯数字分章编号。序号加括号,右顶格排。例如,第 3 章第 2 个表达式。

对于某些专业论文,有关数学或物理公式的输入需求。关于公式的录入,Word 2013 本身提供公式编辑器。在"插入"选项卡的"符号"组中单击"公式"即可插入公式,如图 4-36 所示。

6. 参考文献

参考文献一般应是论文作者亲自考察过的对学位论文有参考价值的文献,除特殊情况外,一般不应间接引用。

文献的作者不超过 3 位时,全部列出;超过 3 位时,只列前 3 位,后面加"等"字或相应的外文;作者姓名之间用","分开。要求书写参考文献并按顺序编码制,即按中文引用的参考顺序将参考文献附于文末。

几种主要参考文献著录表的格式如下:

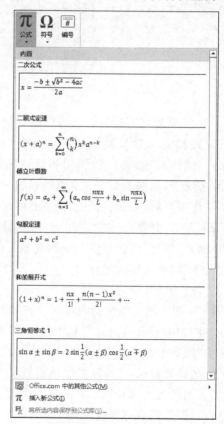
图 4-36 "公式"下拉框

连续出版物：
[序号]　主要责任者.析出文献题名[J].连续出版物题名,出版年,卷号(期号)：页码.
专（译）著：
[序号]　主要责任者.题名[M].出版地：出版者,出版年：引文页码.
论　文　集：
[序号]　主要责任者.题名[C].文集题名.出版地：出版者,出版年.引文页码.
学位论文：
[序号]　姓名.文题[D].授予单位所在地：授予单位,授予年.
专　　利：
[序号]　申请者.专利题名：专利号[P].公告日期.
技术标准：
[序号]　发布单位.技术标准名称：技术标准代号[S].出版地：出版者,出版年.
电子资源：
[序号]　主要责任者.题名[OL].[引用日期].获取和访问路径.

7. 致谢

致谢是论文作者对该论文的形成作过贡献的组织或个人及参考文献的作者予以感谢的文字记载,语言要诚恳、恰当、简短。

4.2　Excel 2013 数据处理

4.2.1　统计函数应用

在 Excel 中,统计函数包含众多的函数。从实际应用角度,统计函数可以分为描述统计函数、概率分布函数、假设检验函数和回归函数等。在小节将对 FREQUENCY() 函数、RANK() 函数结合具体的例子进行详细分析。

1. FREQUENCY() 函数：计算频率分布

【功能说明】　计算某个区间的数值在数据单元格列表中出现的次数。

【语法表达式】　FREQUENCY(data_array,bins_array)。

【参数说明】　data_array 表示数据列表；bins_array 表示数值区间段。函数要统计 bins_array 中的数值在 data_array 中出现的次数。如果参数 bins_array 不包含任何值,函数返回的值与 data_array 中的数值个数相等。

【使用说明】　函数忽略空白单元格和包含文本的单元格。如果希望以数组的形式得到结果,则需要以数组公式的形式输入。

【实际应用】　某调查公司统计不同地域的人数数据,求出调查公司需要统计各区间的人数频率。选择单元格 E2～E7,在编辑栏中输入函数"＝FREQUENCY(A2:A12, B2:B6)",然后按 Ctrl+Shift+Enter 组合键,就可以得到频率分布结果,如图 4-37 所示。

【应用说明】　FREQUENCY() 函数得到的结果是数组形式。

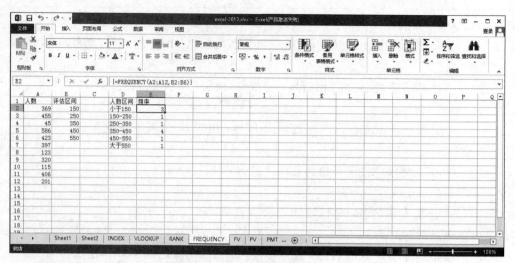

图 4-37 计算人数的频率分布

2. RANK()函数：计算数值的排位

【功能说明】 计算某数值在整个数组中的位置。

【语法表达式】 RANK(number,ref,order)。

【参数说明】 number 表示需要知道其位置的数值。使用函数时，参数可以是直接输入中的数值，也可以指定单元格。ref 表示数值，计算 number 在 ref 中排在第几位。order 用于指定按什么样的顺序排列。如果参数值为 0 或省略，表示按从大到小的顺序排列；如果参数值为其他值，表示按从小到大的顺序排列。

【使用说明】 如果数值列表中出现相同的数值，函数将看作是同一级，但会影响到后边数值的排序。参数 ref 的包含的数值个数必须大于 1。

【实际应用】 某学校统计了学生某次考试的成绩，现在需要对成绩进行排名。在单元格 C2 中输入函数表达式"＝RANK(B2,＄B＄2：＄B＄12)"，得到第一位考生的排名，然后利用自动填充功能计算其他考生的排名，得到的结果如图 4-38 所示。

【应用说明】 使用 RANK()函数进行排名的时候，使用的是美式排名，对于并列的数值进行增位排名。

4.2.2 查找函数应用

在小节将对 INDEX()函数、VLOOKUP()函数结合具体的例子进行详细分析。

1. INDEX()函数：引用所需信息

【功能说明】 返回列表或数组中的元素值，此元素由行序号和列序号的索引值进行确定。

【语法表达式】 INDEX(array,row_num,column_num)。

【参数说明】 array 代表单元格区域或数组常量；row_num 表示指定的行序号(如果省略 row_num,则必须有 column_num)；column_num 表示指定的列序号(如果省略 column_num,则必须有 row_num)。

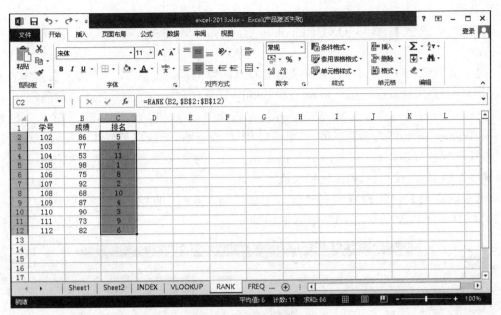

图 4-38 对成绩进行排名

【实际应用】 要查找"第 3 行""第 3 列"引用位置,可以用公式"=INDEX(A1:C8,3, 3)",如图 4-39 所示。

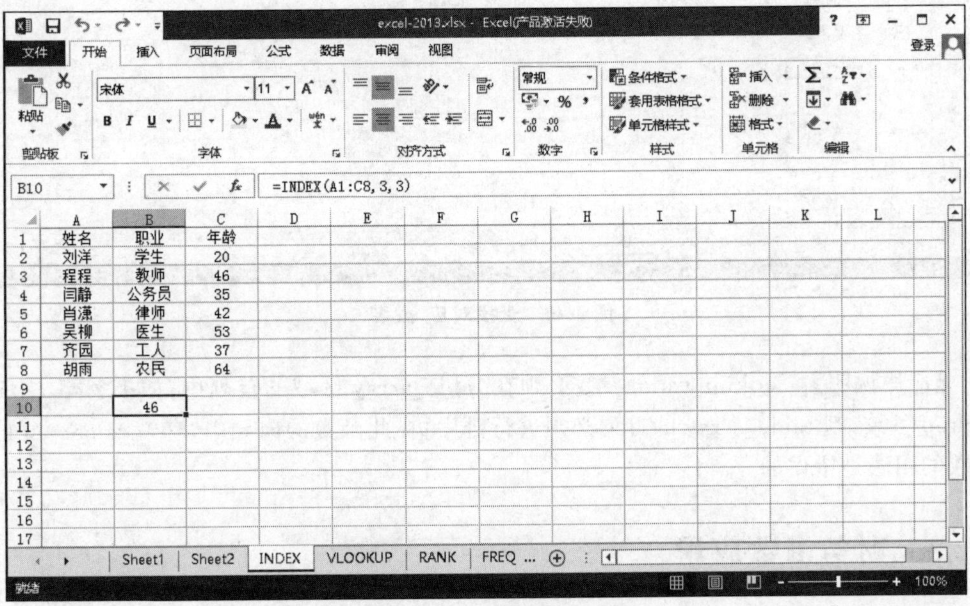

图 4-39 查找"引用"位置

【应用说明】 此处的行序号参数(row_num)和列序号参数(column_num)是相对于所引用的单元格区域而言的,不是 Excel 工作表中的行或列序号。

2. VLOOKUP()函数:纵向查找

【功能说明】 在数据表的首列查找指定的数值,并由此返回数据表当前行中指定列处的数值。

【语法表达式】　VLOOKUP(lookup_value,table_array,col_index_num,range_lookup)。

【参数说明】　Lookup_value 代表需要查找的数值;table_array 代表需要在其中查找数据的单元格区域;col_index_num 为在 table_array 区域中待返回的匹配值的列序号(当 col_index_num 为 2 时,返回 table_array 第 2 列中的数值,为 3 时,返回第 3 列的值……);range_lookup 为一逻辑值,如果为 TRUE 或省略,则返回近似匹配值,也就是说,如果找不到精确匹配值,则返回小于 lookup_value 的最大数值;如果为 FALSE,则返回精确匹配值,如果找不到,则返回错误值♯N/A。

【实际应用】　要查找对应"值班日期"为"初四"的"姓名",可以用公式"=VLOOKUP(A4,A1:D7,2,0)",如图 4-40 所示。

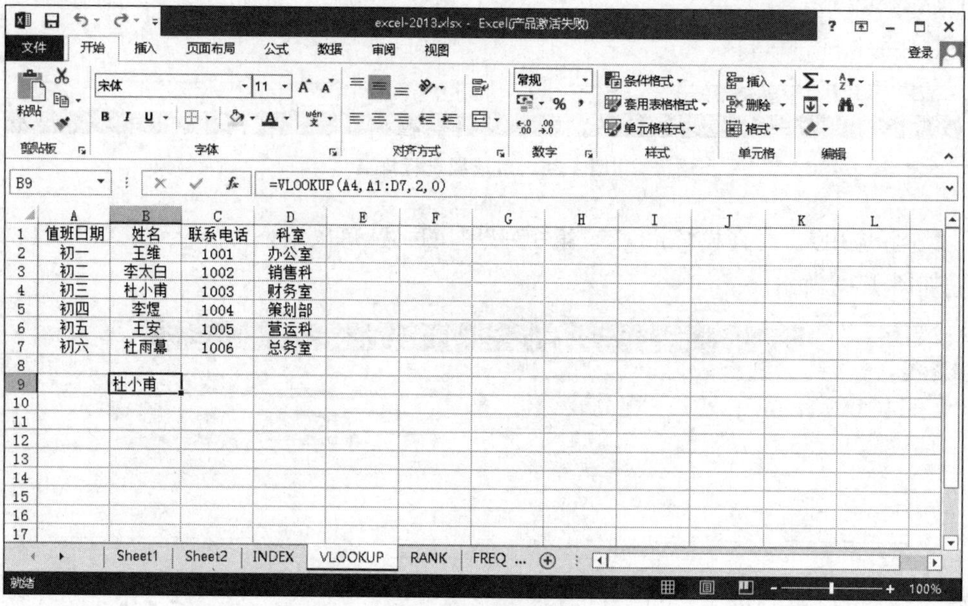

图 4-40　查找对应"姓名"

【应用说明】　lookup_value 参数必须在 table_array 区域的首列中;如果忽略 range_lookup 参数,则 table_array 的首列必须进行排序;在此函数的向导中,有关 range_lookup 参数的用法是错误的。

4.2.3　财务函数应用

Excel 财务函数中主要包括 FV()、PV()、PMT()等函数,下面将分别介绍各个不同的函数。

1. FV()函数:计算投资的未来值

【功能说明】　在利率固定或等额分期付款的情况下,计算一笔存款或贷款在一段时间后的金额值。

【语法表达式】 FV(rate,nper,pv,type)。

【参数说明】 pmt 代表每期支付的金额值,也就是每月或每年的存款金额或贷款金额。正数表示收入,负数表示支出。

【使用说明】 在支付期间,rate 和 nper 参数必须使用相同的计算单位。如果 rate 按月份计算,nper 也必须按月份计算。

【实际应用】 2007 年初,某顾客在银行存款 6000 元,在此后的 10 年,每年年初存款 2000 元,存款利率为 4.86%。在第 10 年年初,存款账户有多少金额?在单元格 B6 中输入函数表达式"=FV(B1/12,B2,B3,B4,1)",计算该消费者在 15 年初银行账号的金额数值。计算的结果如图 4-41 所示。

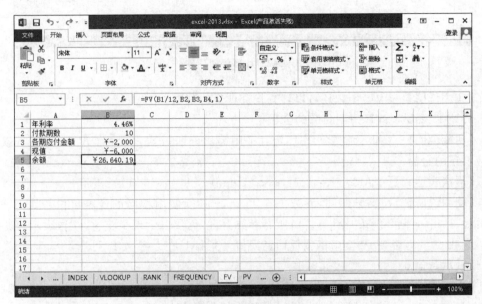

图 4-41　计算存款余额

【应用说明】 FV()函数也可以计算项目投资的未来值。

2. PV()函数:计算投资的现值

【功能说明】 在定额支付且利率固定的情况下,计算一笔投资或贷款的现值。现值指未来获得的金额在当前的价值总和。

【语法表达式】 PV(rate,nper,pmt,fv,type)。

【使用说明】 在支付期间,rate 和 nper 参数必须使用相同的计算单位。如果 rate 按月份计算,nper 也必须按月份计算。对所有参数,现金支付用负数表示,现金收入用正数表示。

PV()函数和 FV()函数是相反的函数。FV()函数是根据现值求未来值,PV()函数则是根据未来值求现值。

【实际应用】 某消费者向银行存入一定数额的存款,并在以后的 10 年中,每年初从银行取款 3000 元,存款利率是 4.46%。为了满足这样的取款的要求,消费者当前需要存入多少的存款?在单元格 B5 中输入函数表达式"=PV(B1,B2,B3,,1)",计算的结果如图 4-42 所示。

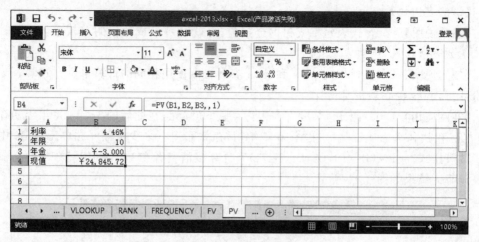

图 4-42　计算年初存款

【应用说明】　PV()函数还可以计算投资项目的现值。

3. PMT 函数：计算每期付款的金额

【功能说明】　在银行贷款利率固定且采用等额分期付款方式的情况下，计算贷款每期应偿还的金额。

【语法表达式】　PMT(rate,nper,pv,fv,type)。

【使用说明】　在支付期间，参数 rate 和 nper 必须使用相同的计算单位。如果 rate 用月计算，nper 也必须按月计算。对所有参数而言，负数表示现金支付，正数表示现金收入。参数 pv≥0，否则 PMT()函数返回错误值♯VALUE!。参数 fv 可选可不选，如果省略，用其默认值 0。

【实际应用】　某厂商为了购买某设备，向银行贷款 100 000 元，年利率为 4.46%，贷款期限为 10 年。厂商需要每月支付一定额度的贷款，则每月末应还款多少？在单元格 B4 中输入函数表达式"＝PMT(B2/12,B3*12,-B1)"，计算工厂每月需要偿还的贷款金额，如图 4-43 所示。

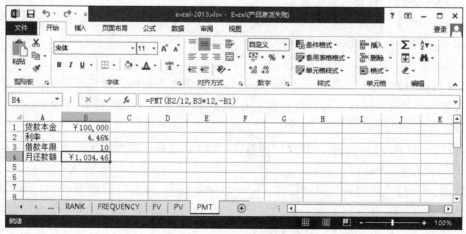

图 4-43　计算每月还款金额

【应用说明】 PMT()函数除了可以计算银行贷款月偿还额，还可以按年计算，只要保证 rate 和 nper 的单位一致。

4.3 PowerPoint 2013 综合实例

4.3.1 产品销售流程报告

以制作"产品销售流程报告"演示文稿为例，要求掌握在幻灯片中插入绘制自选图形、动作按钮、为幻灯片添加动画效果的基本操作。演示文稿效果如图 4-44 所示。

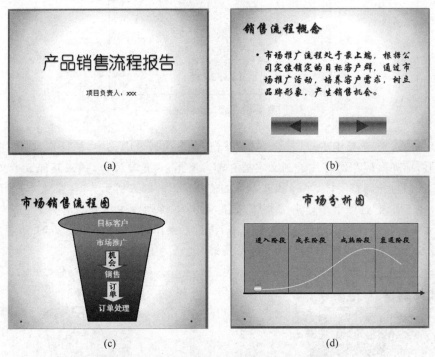

图 4-44 "市场销售流程介绍"演示文稿效果图

1. 创建演示文稿

启动 PowerPoint 2013 并创建演示文稿，在"设计"选项卡的"主题"组中选中"主管人员"主题。

2. 制作第 1 张幻灯片

选中主标题文本框和副标题文本框，输入文字内容，设置字体、字形、字号和颜色，如图 4-44(a)所示。

3. 创建第 2 张幻灯片

单击"开始"|"幻灯片"|"新幻灯片"按钮，插入第 2 张新幻灯片，在"版式"下拉列表中选择"标题和内容"版式，输入标题文字。

4. 创建第 3 张幻灯片

(1) 插入第 3 张新幻灯片，在"开始"选项卡的"幻灯片"组中设置"版式"为"仅标题"，输入标题文字。

(2) 在"插入"选项卡的"插图"组中单击"形状"下三角按钮,弹出"最近使用的形状"列表框,单击"基本形状"|"椭圆"按钮,鼠标变成十字形,拖动鼠标在幻灯片绘制图形;重复操作,选择"基本形状"|"梯形",拖动鼠标在幻灯片绘制图形。设置图片颜色后,组合椭圆和梯形,如图 4-45 所示。

图 4-45　插入组合图形

(3) 在"插入"选项卡中单击"文本框"按钮,在下拉列表中选中"横排文本框",鼠标变成十字形,拖动鼠标在幻灯片绘制文本框并输入文本;再重复操作,插入其他 3 个文本框,输入文本内容,并调整字体、字号和文本框的位置,如图 4-46 所示,并 4 个文本框组合。

(4) 在"插入"选项卡中单击"形状"按钮,展开下拉列表中设置"箭头总汇"为"下箭头",拖动鼠标在幻灯片绘制图形,添加文本;再重复操作,再创建一个箭头,并设置字体的颜色、字号与线条颜色,如图 4-47 所示,将箭头组合。

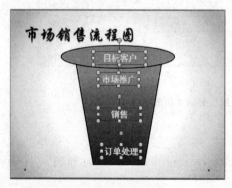

图 4-46　添加对话框

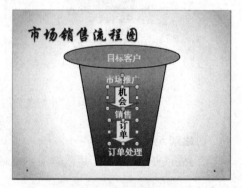

图 4-47　添加箭头图形

5. 创建第 4 张幻灯片

(1) 插入第 4 张新幻灯片,在"版式"下拉列表选择"仅标题"版式,输入标题文字。

(2) 在"插入"选项卡中单击"形状"按钮,在下拉列表中选中"矩形"|"矩形"选项,鼠标变成十字形,拖动鼠标在幻灯片绘制图形;再重复操作,插入其他 3 个矩形框,并输入文本内容,调整字体、字号和文本框的位置。

(3) 在"插入"选项卡中单击"形状"按钮,在下拉列表中选中"基本形状"|"箭头",在矩形图下,绘制方向箭头,设置颜色,如图 4-48 所示。

第4章　办公软件应用实例　71

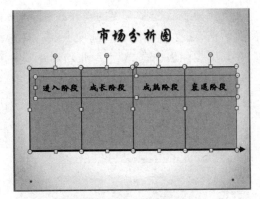

图 4-48　添加矩形和箭头

（4）在"插入"选项卡中单击"形状"按钮，在下拉列表中选中"线条"|"曲线"，拖动鼠标在幻灯片绘制曲线路径，设置线条颜色，如图 4-49 所示。

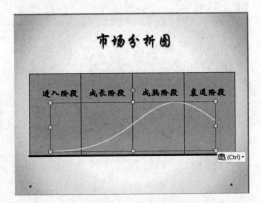

图 4-49　添加曲线

（5）在"插入"选项卡中单击"形状"按钮，在下拉列表中选中"基本形状"|"椭圆"，在曲线开始出处，绘制出一个圆形，设置圆形颜色，如图 4-50 所示。

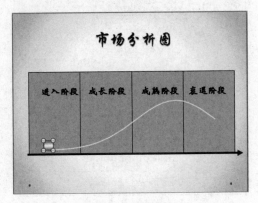

图 4-50　添加圆形

6. 添加动作按钮

（1）选中第 2 张幻灯片，选中要添加动作按钮的幻灯片，切换到"开始"或"插入"选项卡。单击"形状"按钮，弹出下拉列表后选择需要的动作按钮。在幻灯片底部拖动鼠标绘制按钮，弹出"动作设置"对话框，选择"单击鼠标"选项卡，在"单击鼠标时的动作"区域中单击"超链接"单选按钮，在其下拉列表中选择"上一张幻灯片"，如图 4-51 所示。

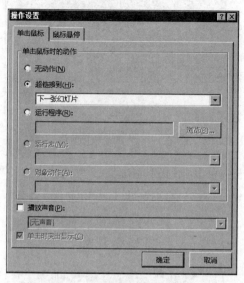

图 4-51 "单击鼠标"选项卡

（2）重复上一步操作，弹出的"动作设置"对话框，选择"单击鼠标"选项卡，在"单击鼠标时的动作"区域中选中"无动作"单选按钮；选中"鼠标悬停"选项卡，在"单击鼠标时的动作"区域中单击"超链接"单选按钮，在下拉列表中选中"下一张幻灯片"，如图 4-52 所示。单击"确定"按钮。

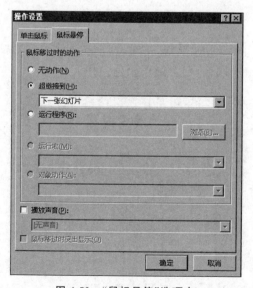

图 4-52 "鼠标悬停"选项卡

7. 添加自定义动画效果

（1）选中第 2 张幻灯片，选中幻灯片标题内容，在"动画"选项卡的"动画"组中选中

"强调"|"彩色脉冲"选项。如图 4-53 所示。重复此操作设置第 3 张、第 4 张幻灯片标题文字的动画方式。

图 4-53　设置"动画"效果

（2）选中第 2 张设置幻灯片的文本框效果为"进入"|"形状"，单击"效果选项"按钮，弹出下拉列表选中"方向"|"放大"。

（3）选中第 3 张幻灯片组合图形，效果为"进入"|"轮子"，"效果选项"|"4 轮辐图案(4)"。

（4）选中第 3 张幻灯片文本框组合图形，效果为"进入"|"阶梯状"，"效果选项"|"向左"。

（5）选中第 3 张幻灯片第 1 个箭头图形，效果为"进入"|"切入"，"效果选项"|"自顶部"。第 2 个箭头图形，重复此操作。

（6）选中第 4 张幻灯片的曲线，效果为"进入"|"擦除"，"效果选项"|"自左侧(L)"。

（7）选中第 4 张幻灯片的圆形，效果为"动作路径"|"自定义路径"，沿曲线绘制出所需路径，"效果选项"|"解除锁定"，如图 4-54 所示。

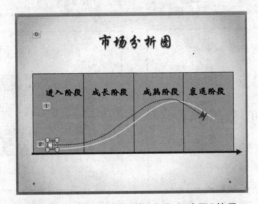

图 4-54　第 4 张幻灯片"自定义动画"效果

8．添加幻灯片切换效果

（1）选中第 1 张幻灯片，在"切换"选项卡的"切换到此幻灯片"组中选中"细微型"|"形状"，单击"效果选项"按钮，在下拉列表中选中"增强"，在"声音"下拉列表中选中"无声音"，如图 4-55 所示。

图 4-55　"切换"选项卡

（2）选中第 2 张幻灯片，用同样方法将切换效果设置为选中"华丽型"|"百叶窗"，"效

果选项"设置为"垂直","声音"设置为"无声音"。

(3) 在"幻灯片放映"选项卡中单击"从头开始"按钮,欣赏其放映效果。

(4) 在"文件"选项卡中选中"另存为",弹出"另存为"对话框,在其中设置演示文稿的保存位置和文件名,并单击"保存"按钮。

4.3.2 制作国粹——京剧介绍

以制作"国粹——京剧介绍"演示文稿为例,介绍幻灯片母版的编辑设置、添加页脚和设置幻灯片其他播放格式的基本操作。演示文稿效果如图4-56所示。

 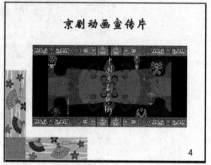

图 4-56 "国粹——京剧介绍"演示文稿效果图

1. 利用母版创建演示文稿

(1) 单击 PowerPoint 2013 创建空白演示文稿,选择"视图"|"母版视图"|"幻灯片母版"命令,进入幻灯片母版视图。在幻灯片窗格中选中"标题幻灯片 版式:由幻灯片1使用",如图4-57所示。

(2) 在"插入"选项卡的"图像"组中单击"图片"按钮,在弹出的"插入图片"对话框中选择一张图片,单击"打开"按钮。右击此图片,在弹出的快捷菜单中选中"置于底层"|"置于底层"选项,如图4-58所示。

(3) 在幻灯片窗格中,选中"标题和内容 版式:由幻灯片2-4使用"幻灯片母版,如图4-59所示,重复步骤(2)插入图片,效果如图4-60所示。

2. 添加页脚

选中"标题和内容 版式:由幻灯片2-4使用"幻灯片母版,选中数字区"<#>"符号,

图 4-57 标题幻灯片母版

图 4-58 插入图片快捷菜单

图 4-59 幻灯片母版

在"插入"选项卡的"文本"组中单击"页眉和页脚"按钮,弹出"页眉和页脚"对话框,选中"幻灯片编号"和"标题幻灯片中不显示"复选框,如图 4-61 所示,单击"全部应用"按钮。单击"幻灯片母版"|"关闭"|"关闭母版视图"按钮,返回普通视图。

3. 创建第 2 张幻灯片

在"开始"选项卡的"幻灯片"组中单击"新建幻灯片"按钮,插入第 2 张幻灯片,输入标题和文本内容,如图 4-62 所示。

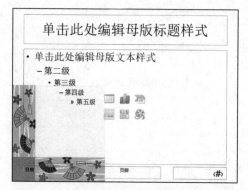

图 4-60 插入图片效果图

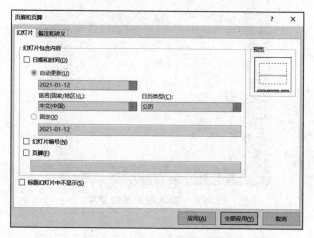

图 4-61 "页眉和页脚"对话框

图 4-62 第 2 张幻灯片效果图

4. 创建第 3 张幻灯片

（1）插入第 3 张新幻灯片，输入标题和文本内容。

（2）选中文本框，在"开始"中单击"段落"组的对话框启动器按钮，打开"段落"对话框，设置行距，如图 4-63 所示。

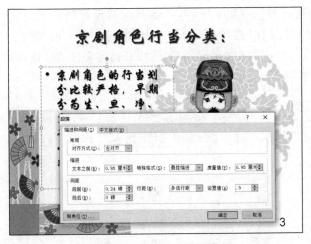

图 4-63　第 3 张幻灯片效果图

5．添加 Flash 动画格式

（1）插入第 4 张新幻灯片选中"仅标题"版式，输入标题，如图 4-64 所示。

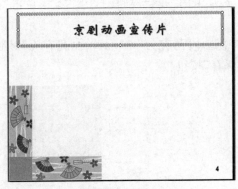

图 4-64　添加标题

（2）右击"开始"选项卡，选中"自定义功能区(R)…"，在"PowerPoint 选项"对话框的"自定义功能区"选项卡中选中"开发工具"结点。

选择"开发工具"|"控件"|"其他控件"子结点，弹出"其他控件"下拉列表框，列表中选中 Shockwave Flash Object 选项，单击"确定"按钮，如图 4-65 所示。

图 4-65　插入 Flash 选项

（3）幻灯片中鼠标形状变成十字形，绘制其区域设置播放 Flash。右击矩形区域，在弹出快捷菜单中选中"属性"选项，弹出选项如图 4-66 所示的"属性"面板，选中其中的 Movie 选项。输入 Flash 动画文件的完整路径，注意动画文件的后面要加上扩展名.SWF，设置完毕单击"确定"按钮。

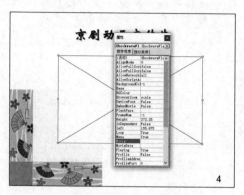

图 4-66　Flash 区域快捷菜单

（4）在"幻灯片放映"选项卡的"开始放映幻灯片"组中单击"从头开始"按钮，欣赏其放映效果。

（5）在"文件"选项卡中选中"另存为"选项，弹出"另存为"对话框，选择演示文稿保存位置，输入文件名，单击"保存"按钮。

第 5 章 数据库技术基础

Access 2013 主要功能分两大部分：数据库的分析与设计部分主要包括管理工作的信息化、数据表的建立、数据的输入；数据查询的设计与实现部分主要包括数据查询的方法及使用。

5.1 数据库分析与设计

图书借阅管理系统是以实现图书馆借阅工作系统化而设计开发的一个简单系统。主要实现图书馆工作的信息化管理，对图书的基本信息和会员（图书借阅者）的基本信息的登记、保存、统计和查询，对会员的借阅信息进行登记、保存、统计与查询，对图书的数据化管理。

图书借阅管理系统的数据库的分析与设计主要包括以下工作。
(1) 数据库的结构的分析。
(2) 数据库表结构的分析。
(3) 创建数据库和表。
(4) 数据的插入、删除、修改。

1. 数据库数据结构分析

通过对图书借阅管理的内容和数据分析，创建该管理系统数据库，名为"图书借阅管理系统.accdb"，主要包含 5 个数据表："会员表""会员级别表""图书表""图书类别表""图书借阅表"。这 5 个表之间存在着一定的关联关系，如图 5-1 所示。

2. 数据库表结构的设计

图书借阅管理系统的各个数据库表结构设计如表 5-1～表 5-5 所示。

3. 创建数据库和表

在数据库数据结构分析和数据库逻辑结构设计完成之后，便可以用 Access 来创建数据库。一般步骤是首先创建数据库，再创建数据表，最后建立表间关系。

创建数据库和表的操作步骤如下。

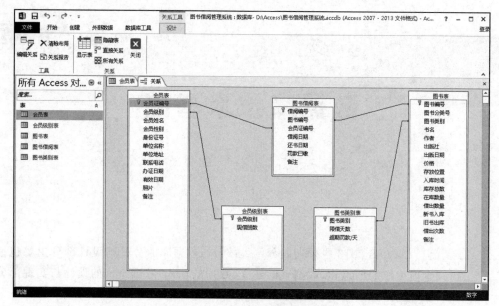

图 5-1 系统中各表间关系图

表 5-1 会员表结构

字 段 名	数据类型	字段大小	格 式	主 键	必填字段
会员证编号	短文本	12		是	是
会员级别	短文本	8			是
会员姓名	短文本	20			是
会员性别	短文本	2			是
身份证号	短文本	18			是
单位名称	短文本	50			否
办证日期	日期/时间		短日期		是
单位地址	短文本	50			否
联系电话	短文本	15			否
有效日期	日期/时间		短日期		否
照片	OLE 对象				否
备注	长文本				否

表 5-2 会员级别表结构

字 段 名	数据类型	字段大小	格 式	主 键	必填字段
会员级别	短文本	8		是	是
限借册数	数字	整型			是

表 5-3 图书表结构

字 段 名	数据类型	字段大小	格 式	主 键	必填字段
图书编号	短文本	7		是	是
图书分类号	短文本	30			是
图书类别	短文本	30			是
书名	短文本	50			是
作者	短文本	50			是
出版社	短文本	30			是
出版日期	日期/时间		短日期		是
价格	数字		货币		是
存放位置	短文本	50			是
入库时间	日期/时间		短日期		是
库存总数	数字	整型			是
在库数量	数字	整型			是
借出数量	数字	整型			是
新书入库	数字	整型			否
旧书出库	数字	整型			否
借出次数	数字	整型			是
备注	长文本				否

表 5-4 图书类别表结构

字 段 名	数据类型	字段大小	格 式	主 键	必填字段
图书类别	短文本	30		是	是
限借天数	数字	整型			是
超期罚款/天	数字	双精度型	货币		是

表 5-5 图书借阅表结构

字 段 名	数据类型	字段大小	格 式	主 键	必填字段	默认值
借阅编号	自动编号	长整型		是		
图书编号	短文本	7			是	
会员证编号	短文本	12			是	
借阅日期	日期/时间		短日期		是	
还书日期	日期/时间		短日期		否	
罚款已缴	短文本	2			是	"否"
备注	长文本				否	

(1) 启动 Access 2013，在"文件"选项卡中选中"新建"选项，在"可用模板"栏中选中"空白桌面数据库"图标，如图 5-2 所示，创建一个名为"图书借阅管理系统.accdb"的数据库。

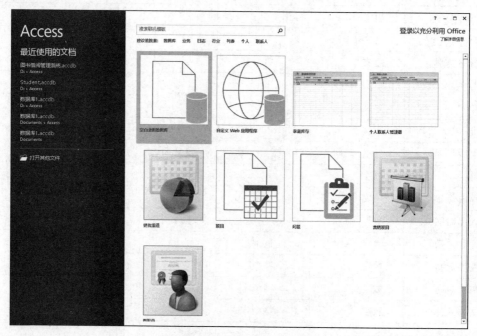

图 5-2　新建数据库文件对话框

(2) 创建表。在"创建"选项卡的"表格"组中单击"表设计"按钮，分别创建"会员表""会员级别表""图书表""图书类别表"和"图书借阅表"，各表结构如表 5-1～表 5-5 所示，其中"图书表"的表设计视图如图 5-3 所示。

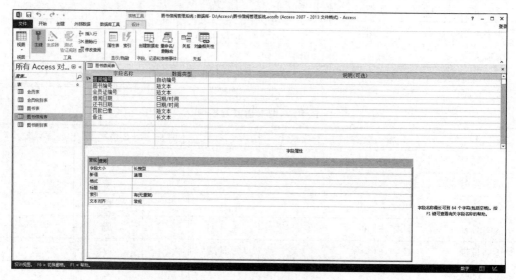

图 5-3　图书表结构建立

用同样的方法在表设计视图中可以分别创建"会员表""会员级别表""图书类别表"

"图书借阅表"。

(3) 建立表间关系。选中任意一个数据表并右击,在弹出的快捷菜单中选中"设计视图"选项,在"表格工具|设计"选项卡的"关系"组中单击"关系"按钮。从打开的"显示表"对话框中建立表间的关系,得到如图 5-1 所示的关系图。

4. 数据的录入、修改、删除、查找

以会员表为例来说明数据的录入、修改、删除、查找。

(1) 数据录入。双击"会员表"进入数据录入状态,如图 5-4 所示,在单元格中按顺序输入数据,例如"A20050521003""普通会员""赵伟""男""60210019200234000X""华贸电子科技""2008/11/1""科学大道 100 号""0371-68561230""2015/2/19"。

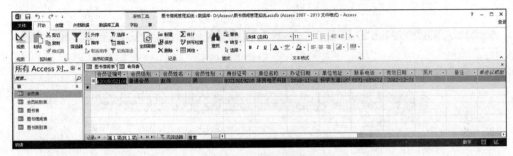

图 5-4 数据的录入

(2) 数据修改。打开数据表,在单元格中可以直接修改某个字段的数据。如图 5-5 所示,修改"会员姓名"为"崔刚"的数据。

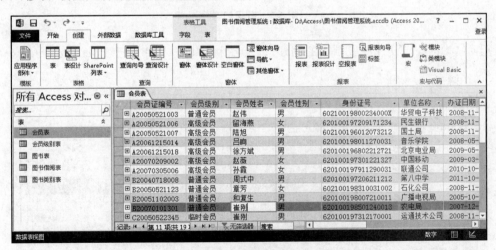

图 5-5 数据的修改

(3) 删除。选中一行,在"开始"选项卡的"记录"组中单击"删除"按钮,如图 5-6 所示。

(4) 查找。在"开始"选项卡的"查找"组中单击"查找"按钮。在"查找和替换"对话框中输入要查找的内容,查找范围选择"当前文档",如图 5-7 所示。

分别录入"会员表""会员级别表""图书类别表""图书借阅表"中的数据。至此,完成了

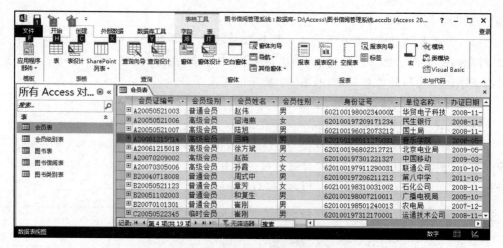

图 5-6　数据的删除

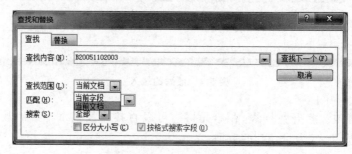

图 5-7　数据的查找

数据库结构的分析设计和表结构的创建，以及各个表中输入相关记录，如图 5-8～图 5-12 所示。

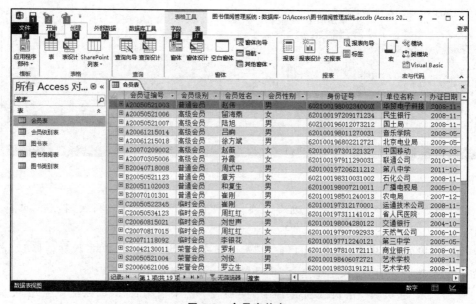

图 5-8　会员表信息

第5章 数据库技术基础

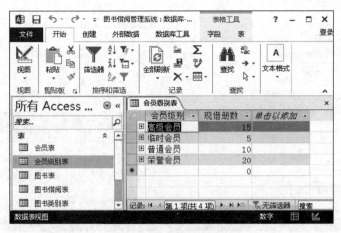

图 5-9　会员级别表信息

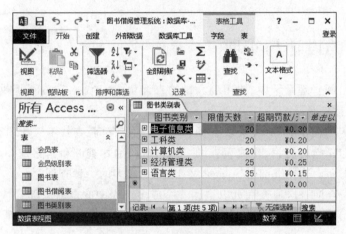

图 5-10　图书类别表信息

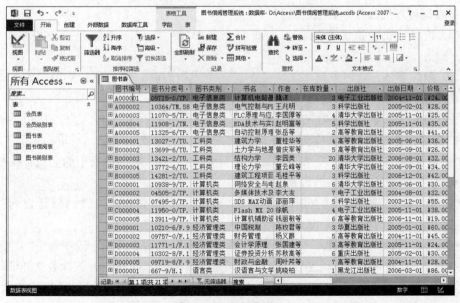

图 5-11　图书表信息

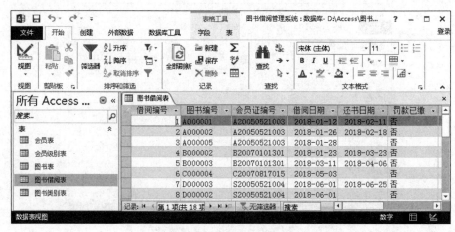

图 5-12 图书借阅表信息

5.2 查询的设计与实现

在本图书借阅管理系统中，要用到大量的查询功能。Access 2013 提供了两类查询方法：查询向导与查询设计。

查询向导包括简单查询、交叉表查询、查找重复项查询、查找不匹配项查询。

查询设计包括选择查询、生成表查询、更新查询、追加查询和删除查询。

（1）选择查询。选择查询是 Access 2013 使用较多的一种查询。

（2）生成表查询。这种查询可以根据一个或多个表中的全部或部分数据新建表。生成表查询有助于创建表以导出到其他 Microsoft Access 数据库或包含所有旧记录的历史表。

（3）更新查询。这种查询可以对一个或多个表中的一个或一组记录作全局更改。使用更新查询可以更改已有表中的数据。

（4）追加查询。追加查询将一个或多个表中的一组记录添加到一个或多个表的末尾。

（5）删除查询。这种查询可以从一个或多个表中删除一组记录。使用删除查询，通常会删除整个记录，而不只是记录中的部分字段。

另外在查询表现形式上还有窗体查询。

1. 查询向导的简单查询实现

"简单查询"主要是对一个表中的数据进行查询。例如，对会员表中的会员证编号、会员级别、会员姓名、办证日期进行查询。

（1）在"创建"选项卡的"查询"组中单击"查询向导"按钮，在弹出的"新建查询"对话框中选中"简单查询向导"，如图 5-13 所示。

（2）单击"确定"按钮，进入下一步操作，选中"会员表"，并在可用字段中选中"会员证编号"，单击">"按钮，把"会员证编号"放到选定字段中，对"会员级别""会员姓名""办证日期"字段做相同的处理，如图 5-14 所示。单击"下一步"按钮，得到查询的结果，如图 5-15 所示。

第 5 章　数据库技术基础

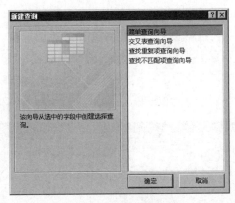

图 5-13　简单查询向导

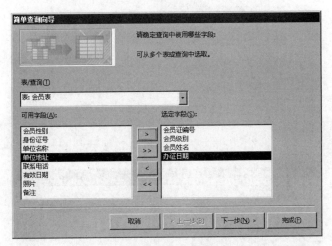

图 5-14　选择字段

图 5-15　查询结果

2. 查询向导的交叉表查询实现

"交叉表查询"操作主要用于显示某一个字段数据的统计值,例如求和、计数、平均值等。例如,在图书表中按图书类别统计每类图书的在库数量。

(1) 在"创建"选项卡的"查询"中单击"查询向导"按钮,在弹出的"新建查询"对话框中选中"交叉表查询向导",如图 5-16 所示,单击"确定"按钮进入下一步操作。

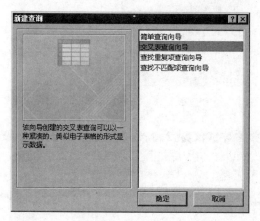

图 5-16 交叉表查询

(2) 选中"图书表",单击"下一步"按钮,如图 5-17 所示。

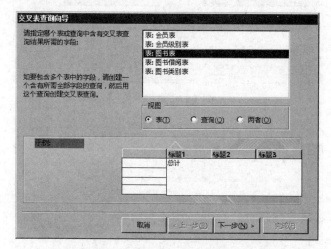

图 5-17 指定查询结果所需字段所在的数据表

(3) 在"可选字段"中选中"图书类别"到"选定字段"中,如图 5-18 所示,单击"下一步"按钮。

(4) 选择"库存总数",如图 5-19 所示。

(5) 单击"下一步"按钮,在"字段"中选中"在库数量",在"函数"中选中"总数",如图 5-20 所示。

(6) 单击"下一步"按钮,命名交叉查询的名字,如图 5-21 所示,单击"完成"按钮,查询结果如图 5-22 所示。

第5章 数据库技术基础

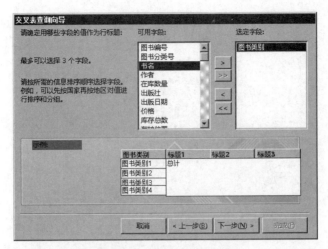

图 5-18　确定行标题的字段

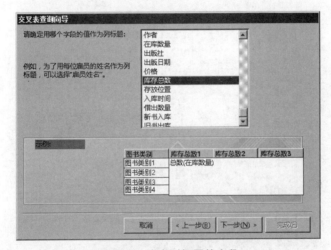

图 5-19　确定列标题的字段

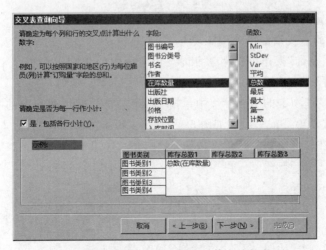

图 5-20　确定行和列交叉点计算出的数字

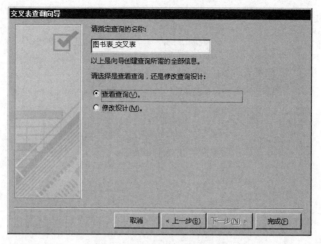

图 5-21　确定查询的名称

图 5-22　查询结果

3. 查询向导的查找重复项查询实现

"查找重复项查询"操作可以用来查询某个字段中的数据有多少个重复项。例如,查找"图书类别"字段中有多少重复的数据。

(1) 在"创建"选项卡的"查询"组中单击"查询向导"按钮,在弹出的"新建查询"对话框中选中"查找重复项查询向导",如图 5-23 所示。单击"确定"按钮,进入下一步。

(2) 选中"视图"栏中的"表"单选按钮,选中"表:图书表",如图 5-24 所示。

(3) 单击"下一步"按钮,在"可用字段"列表中选中"图书类别"到"重复值字段"列表中,如图 5-25 所示。

(4) 单击"下一步"按钮,在"可用字段"列表中选中"图书编号"到"另外的查询字段"列表中,如图 5-26 所示。

(5) 单击"下一步"按钮,命名查询名称,如图 5-27 所示。

第 5 章 数据库技术基础

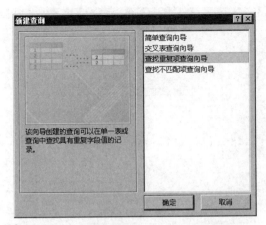

图 5-23 "查找重复项查询向导"选项界面

图 5-24 确定搜索用到的表

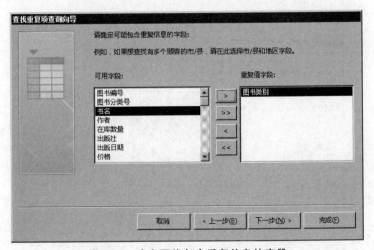

图 5-25 确定可能包含重复信息的字段

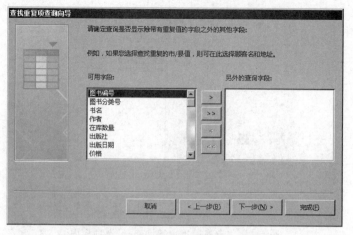

图 5-26　确定是否显示其他字段

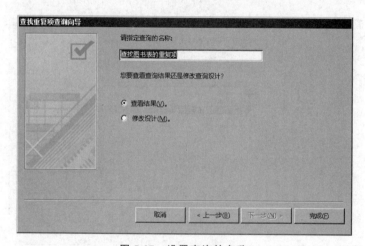

图 5-27　设置查询的名称

(6) 单击"完成"按钮,结果如图 5-28 所示。

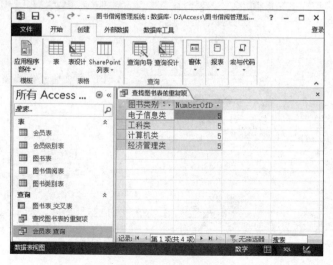

图 5-28　查询结果

4. 查询向导的查找不匹配项查询实现

"查找不匹配项查询"操作可以用来确定两个表之间有哪些记录是不同的。例如,查询会员表中哪些会员还没有借过书。

(1) 在"创建"选项卡的"查询"组中单击"查询向导"按钮,在弹出的"新建查询"对话框中选中"查找不匹配项查询向导",如图 5-29 所示。

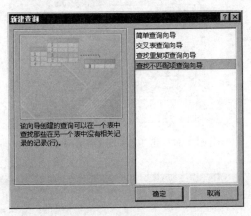

图 5-29 查找不匹配项

(2) 单击"确定"按钮,进入下一步操作,选中"表:会员表"字段,如图 5-30 所示。

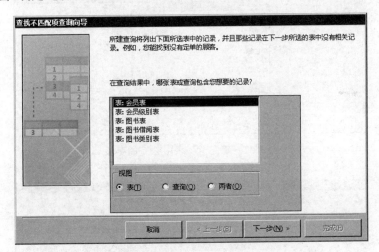

图 5-30 选中"表:会员表"

(3) 单击"下一步"按钮,选中"表:图书借阅表",如图 5-31 所示。

(4) 单击"下一步"按钮,在"'会员表'中的字段"列表中选中"会员证编号"到"'图书借阅表'中的字段"列表,如图 5-32 所示。

(5) 单击"下一步"按钮,在"可用字段"列表中选中"会员证编号""会员姓名"到"选定字段"列表,如图 5-33 所示。

(6) 单击"下一步"按钮,如图 5-34 所示。

(7) 单击"完成"按钮,查询结果如图 5-35 所示。

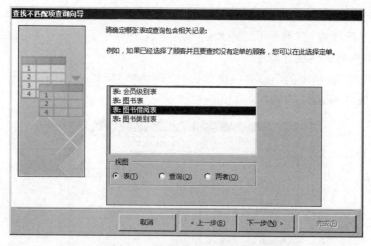

图 5-31 选中"表:图书借阅表"

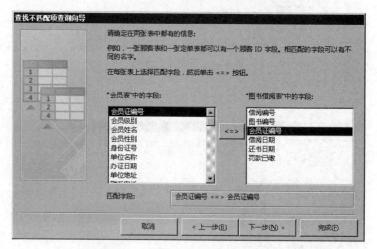

图 5-32 确定两张表中都有的字段

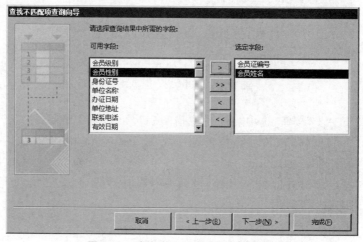

图 5-33 选中查询结果中所需的字段

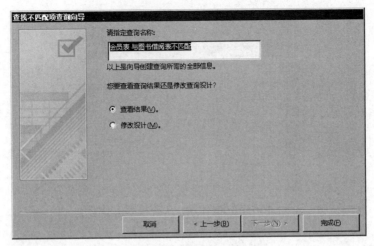

图 5-34 设置查询名称

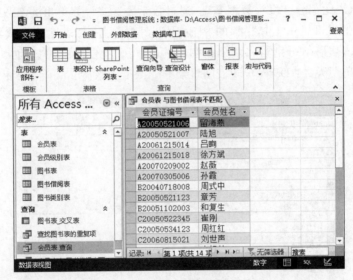

图 5-35 查询结果

5．查询设计的选择查询

在实际图书馆图书借阅过程中，会员（借阅者）或者图书馆管理员经常需要对图书借阅情况进行查询，例如查看某本书是否已归还、某人是否未按期归还图书、某本书是否已到归还期或是某本书是否忘记归还了，等等。为了解决上述这些问题，就需要设置一些相应的查询（一般都是以"选择查询"为居多）。这些查询能有效地解决这些问题。

（1）图书还书日期查询及超期天数查询。

① 在"创建"选项卡的"查询"组中单击"查询设计"按钮，在弹出的"表"对话框中分别添加"会员表""图书表""图书借阅表""图书类别表"，如图 5-36 所示。

② 选中"图书表"中的"图书编号""书名""作者""图书类别"字段，选中"会员表"中的"会员证编号""会员姓名""会员级别"字段，选中"图书借阅表"中的"借阅日期""还书日期"字段，再设立两个新字段——"超期天数"和"应还日期"。这两个新字段是原表中没有

图 5-36 "显示表"对话框

的,它们是以原表的部分字段为数据基础,通过数学表达式计算得出的新数据组成的。

新字段的生成可以用工具栏上的"生成器"来完成,打开"表达式生成器"对话框,如图 5-37 和图 5-38 所示,分别写入两个新字段的数学表达式:"应还日期:[借阅日期]+[限借天数]""超期天数:Date()−[借阅日期]−[限借天数]"。

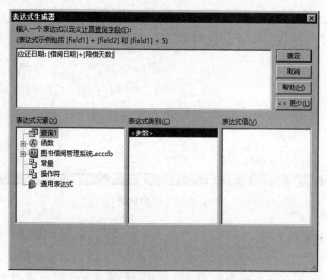

图 5-37 "表达式生成器"对话框

最后在"还书日期"字段的"条件"约束栏中写入约束条件"IS NULL",并在"超期天数"字段的"条件"约束栏中写入约束条件">0"(此处正值为有效值,负值是无效值,因为负值说明还未超期,在该查询中无实用意义,故舍去),如图 5-39 所示。

③ 保存查询,如图 5-40 所示。

④ 运行该查询,如图 5-41 所示。

其他选择查询的设计可参照"图书借阅超期查询"的设计来进行,如"借阅历史记录查询""今日借出查询""今日到期查询""今日还书查询""今日入库查询""借书查询""还书查

第 5 章 数据库技术基础

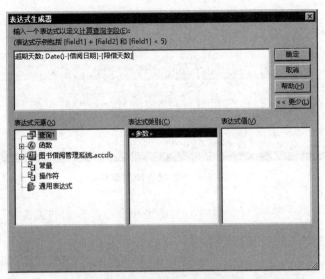

图 5-38 超期天数表达式生成器

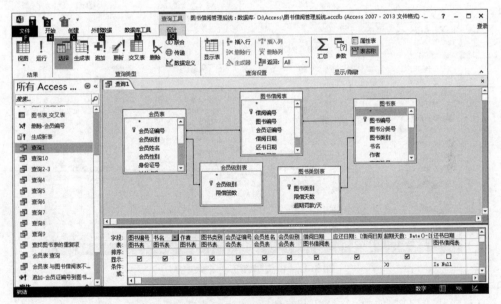

图 5-39 设置约束条件

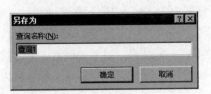

图 5-40 更名保存查询

图 5-41 运行查询的结果

询""续借查询""罚款查询"等。下边给出上述这几个选择查询的主要设计视图以供参考。

(2) 借阅历史记录查询,如图 5-42 所示。

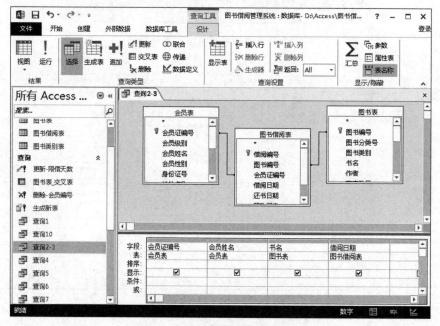

图 5-42 设置借阅历史记录查询

(3) 今日借出查询"Date()"(当前日期)作为约束条件,如图 5-43 所示。

(4) 今日到期查询。通过"生成器"建立新字段"应还日期"且以"Date()"为约束条件,表达式为"应还日期:[借阅日期]+[限借天数]",如图 5-44 所示。

(5) 今日还书查询。字段"还书日期"须以"Date()"作为约束条件,如图 5-45 所示。

(6) 今日入库查询。字段"入库时间"须以"Date()"作为约束条件,如图 5-46 所示。

(7) 借书查询。"在库数量"的约束条件为">0",表示某本书只有在有库存的情况下才允许借出,如图 5-47 所示。

(8) 还书查询。"还书日期"字段的约束条件要设置为"Is Null",表示未还的书才会被列出,如图 5-48 所示。

第 5 章 数据库技术基础 99

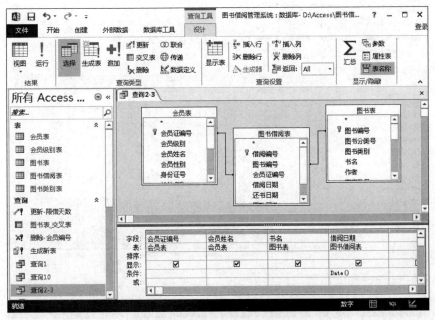

图 5-43 设置借书日期约束条件

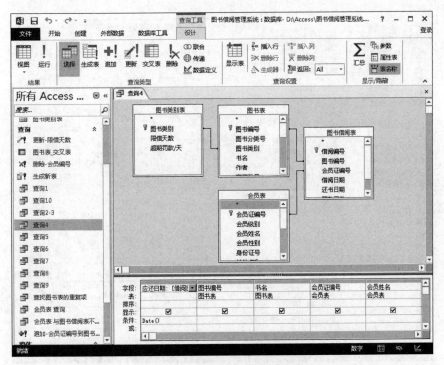

图 5-44 设置应还日期约束条件

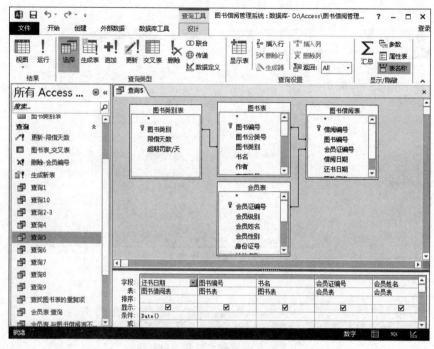

图 5-45 设置还书日期约束条件

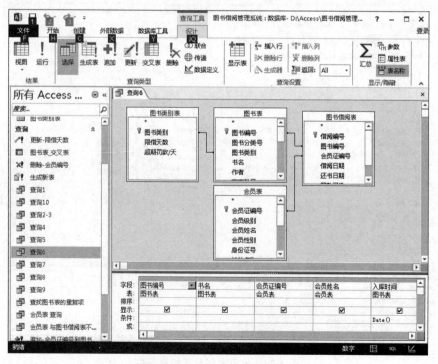

图 5-46 入库时间查询

第 5 章 数据库技术基础

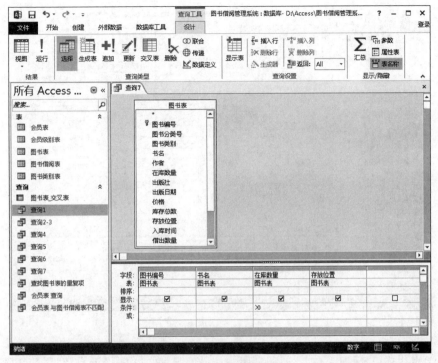

图 5-47 在库数量查询

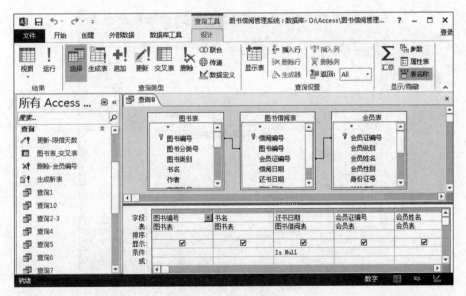

图 5-48 未还书籍查询

(9) 续借查询，如图 5-49 所示。

(10) 罚款查询。必须设立两个新字段："超期天数"和"罚款数额"且"超期天数"字段的约束条件为">0"，另外"罚款缴纳"字段的约束条件为"否"，表示已欠费且未缴纳过罚款的会员才会被列出，未欠费或已缴纳过的会员不会再被列出。下边给出这两个新字

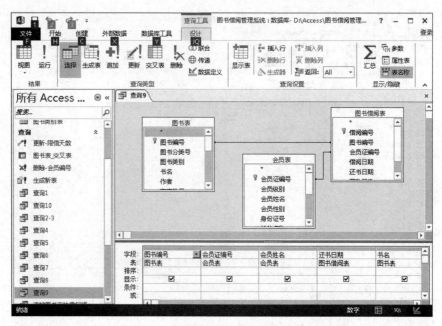

图 5-49 续借查询

段的数学表达式:"超期天数:[还书日期]-[借阅日期]-[限借天数]""罚款数额:([还书日期]-[借阅日期]-[限借天数])*[超期罚款/天]",如图 5-50~图 5-52 所示。

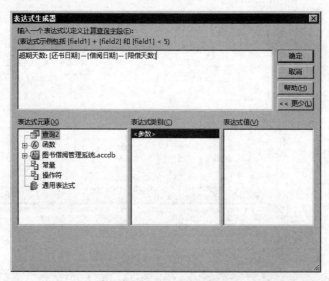

图 5-50 设置"超期天数"表达式

6. 查询设计的更新查询

把图书类别表中的"限借天数"统一改为 30 天。在"创建"选项卡的"查询"组中单击"查询设计"按钮,添加图书类别表,选择"限借天数"字段,在"查询工具|设计"选项卡的"查询类型"组中单击"更新"按钮,在"更新到"中写入"30",然后执行查询,如图 5-53 所示。

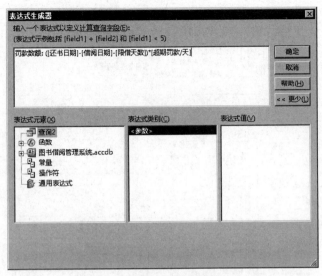

图 5-51 设置"罚款数额"表达式

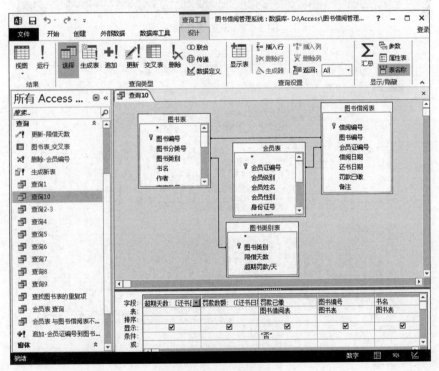

图 5-52 设置查询条件

7. 查询设计的删除查询

删除会员证编号为"B20070101301"的会员信息,在"创建"选项卡的"查询"组中单击"查询设计"按钮,添加"会员表",选中"会员证编号"。在"查询工具|设计"选项卡的"查询类型"组中单击"删除"按钮,如图 5-54 所示。在条件位置填入会员证编号,执行查询后,将删除该会员编号的会员信息。

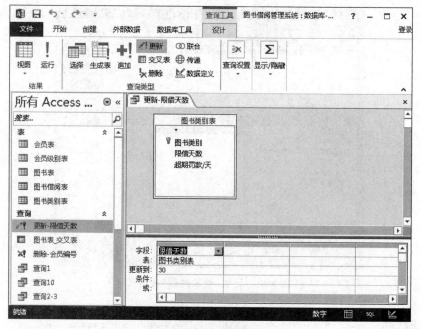

图 5-53 设置更新数据

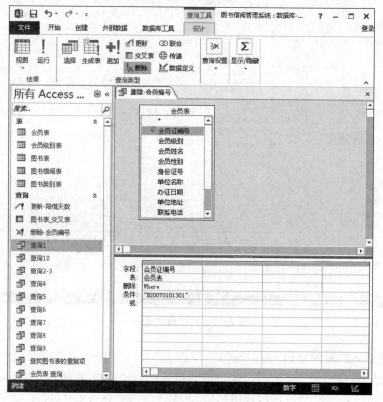

图 5-54 设置删除查询的条件

8. 查询设计的追加查询

追加查询可以将一个数据表中的数据添加到另一个数据表中。将会员表中会员证编号追加到图书借阅表中,在"创建"选项卡的"查询"组中单击"查询设计"按钮,添加会员表并选中"会员证编号"字段,如图 5-55 所示。再单击"追加"按钮,如图 5-56 所示,选中"图书借阅表",执行查询后,将把会员表中"会员证编号"数据追加到图书借阅表中。

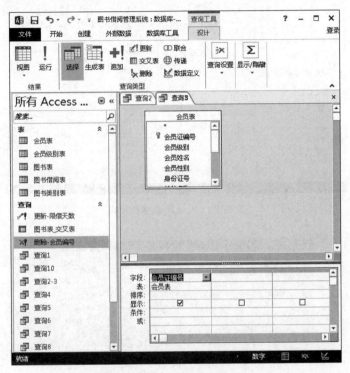

图 5-55 选中"会员证编号"字段

图 5-56 "追加"对话框

9. 查询设计的生成表查询

将"会员表"中的"会员证编号""会员姓名"字段、"图书借阅表"的"图书编号"字段以及"图书表"中"书名"字段,组合成一个新表,新表名称为"会员图书借阅情况表"。在"创建"选项卡的"查询"组中单击"查询设计"按钮,添加"会员表""图书表""图书借阅表"。选中"会员证编号""会员姓名""图书编号""书名",如图 5-57 所示。再单击"生成表"按钮,命名新表的名称,如图 5-58 所示。执行查询后将生成一个新表,新表中的数据,如图 5-59 所示。

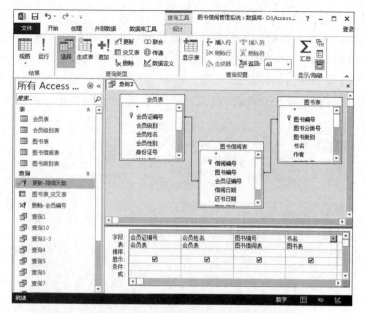

图 5-57 设置新表中的字段

图 5-58 新表的命名

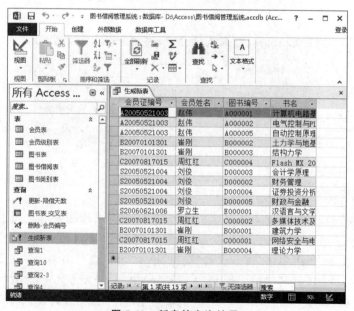

图 5-59 新表的查询结果

10. 创建窗体查询

窗体是 Access 2013 数据库展示数据的一个重要工具,是用户与数据库之间的接口。数据表与查询是窗体的操作基础,数据表仅是枯燥的行列组合,但是窗体是表的美化环境,是漂亮的"表单"。使用窗体作为用户界面,会产生活泼、生动的效果。

在"创建"选项卡的"窗体"组中单击"窗体向导"按钮。以"会员表"为例,选择"表:会员表"中的字段,如图 5-60 所示;单击"下一步"按钮,可以选中窗体布局,如图 5-61 所示;单击"下一步"按钮,命名窗体名称,如图 5-62 所示。

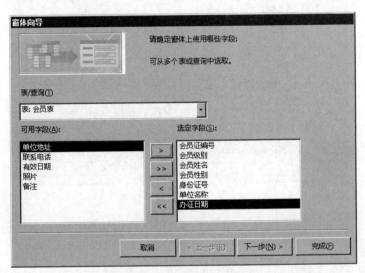

图 5-60　确定窗体上出现的字段

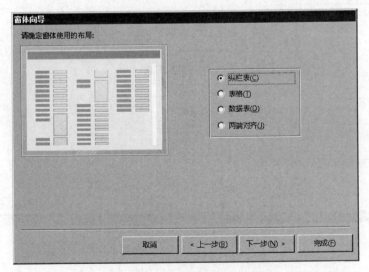

图 5-61　确定窗体使用的布局

窗体布局的 4 种形式:纵栏式如图 5-63 所示,表格式如图 5-64 所示,数据表式如图 5-65 所示,两端对齐式如图 5-66 所示。

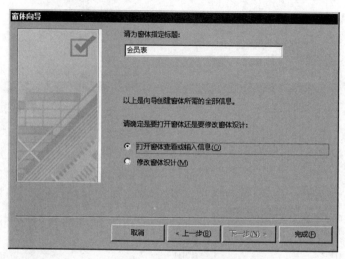

图 5-62　为窗体指定标题

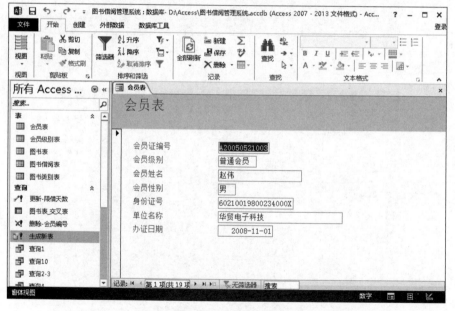

图 5-63　纵览式布局

第 5 章 数据库技术基础 109

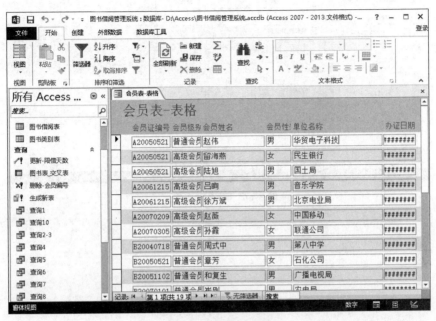

图 5-64 表格式布局

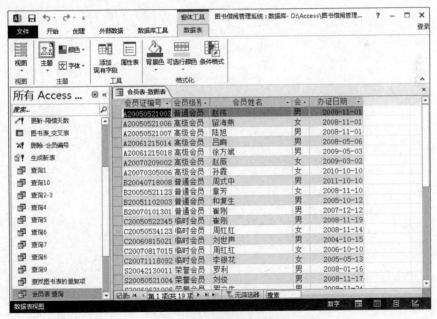

图 5-65 数据表式布局

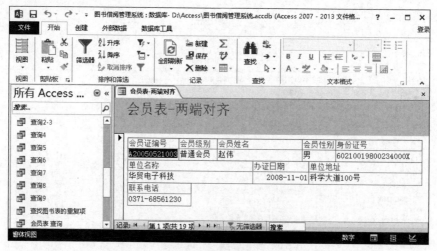

图 5-66 两端对齐方式

第 6 章 计算机网络操作基础

6.1 浏览器的使用

浏览器是一种专门用于定位和访问 Web 信息、获取希望得到的资源的导航工具,它是一种交互式的应用程序,其功能主要有浏览网站、保存网页、收藏夹管理。

1. 启动浏览器

双击桌面浏览器图标或单击快速启动栏上的浏览器图标,可以启动浏览器。

2. 浏览网页

(1) URL 直接连接主页。在浏览器窗口的"地址"栏中输入网站域名地址或网址 IP 地址,按 Enter 键即可。例如,在地址栏中输入 http://www.zzu.edu.cn,可以进入郑州大学主页。

(2) 通过超链接。Web 页面上有很多超链接,超链接既可以链接到本网站的其他网页,也可以链接到其他的网站。

(3) 使用搜索引擎。搜索引擎是某些站点提供的用于网上查询的程序,可以通过搜索引擎站点找到用户要找的网页和相关信息,如 Google、Baidu 等。

3. 设置浏览网主页

主页又称为首页,相当于一个网站的门户,是浏览器打开时进入的网站。通常系统默认的浏览器起始页是一个网站主页,用户也可以根据需要,将常链接的网站主页设为浏览器起始页。

设置主页的方法如下。

方法 1:打开浏览器窗口,选中"工具"|"Internet 选项"菜单选项,打开"Internet 选项"对话框,在"常规"选项卡的"地址"栏中输入网站主页。

方法 2:在桌面上右击浏览器图标,从弹出的快捷菜单中选中"属性"选项,弹出"Internet 选项"对话框,在"常规"选项卡的"地址"栏中输入网站主页。

4. 保存网页内容

浏览 WWW 时，可以将经常使用或感兴趣的某些网页保存在磁盘上，以便以后快速调阅。在 IE 浏览器下的操作方法是，选中"文件"|"另存为"菜单选项，在打开的对话框中选中保存文件的类型。

（1）网页，全部（*.htm*.html）。IE 将当前浏览页面保存到指定位置的文件夹中，同时生成一个扩展名为 htm 的文件和与该文件同命的文件夹。使用这种方法可以保存相关的较多网页，并在脱机浏览时，可以看到与原来的网页一样的效果。

（2）Web 档案，单个文件（*.mht）。这种格式把当前网页上的所有元素都保存在一个用 mht 作为扩展名的单个文件中。

（3）网页，仅 HTML（*.htm；*.html）。与第一种方式相比，这种方式只是生成一个 HTML 文件而不会创建同名的文件夹，所以它将不保存网页中的图片等信息（用第一种方式保存在文件夹下的内容），如果只是希望保存网页中的文字内容或者当前网页的纯粹的文字，可以保存为这种格式，它所占的空间相对于第一种也比较小。

（4）文本文件（*.txt）。只对当前网页的文本信息进行保存，扩展名为 txt。

（5）保存图像或动画：右击所需对象，从弹出的快捷菜单中选择相应的菜单命令对图片进行处理。

6.2 无线路由器的安装

由于 WiFi 技术的广泛应用，手机、平板计算机等很多移动终端都可以通过无线局域网络来连接互联网，可以通过安装一台无线路由器，使自己的移动终端能接到互联网上，下面以无线路由器的安装及配置为例介绍。

无线路由器的安装分为硬件连接和软件设置两个步骤。

1. 硬件连接

首先，将路由器接通电源，然后将电信或网通（或其他互联网接入商）提供的上网线接头（一般是 RJ-45 接口）接到路由器的广域网接口上，这个接口在路由器的背面，形状与其他接口没有区别，往往颜色上与其他接口不同，一般标有 WAN 字样。

其次，用一根有两个 RJ-45 接口的网线（两头都是 EIA/TIA568B 线序），一头连接到计算机主机背面的网卡接口上，另一头连接到无线路由器的局域网接口上（黄色接口中的任意一个，一般几个口合到一起都标有 LAN 字样）。

2. 软件设置

现在的无线路由器都有自动给计算机配置 IP 地址的功能，所以建议将计算机 IP 地址设置成"自动获取 IP 地址"。

无线路由的设置包括以下几个方面。

（1）为无线路由器配置 ADSL 连接账户，并连接互联网。

（2）设置无线网站的相关参数，例如无线网络连接密码。

（3）高级设置，例如防火墙、包过滤、动态 DNS 等。

通过前两步的操作就可以基本完成路由器的设置，实现台式机、手机或其他移动终端上网。在此主要介绍前两步。

虽然不同的无线路由器在操作界面和操作步骤上略有不同,但是基本都遵循以上3个步骤,这里以 TP-LINK 路由器为例来介绍具体操作。

打开浏览器,在地址栏里输入：192.168.1.1(这个地址可能会有不同,请参见所购置的路由器说明书),然后按 Enter 键,在弹出的登录对话框中设置用户名和密码都为"admin"(如果不同,请参见所购置的路由器说明书),然后单击"确定"按钮。

一般的路由器都有"设置向导"功能,先以设置向导来操作,单击"设置向导"链接,然后从出现的右边的页面中单击"下一步"按钮。

在"设置向导-上网方式"页面选中第一项"PPPoE(ADSL 虚拟拨号)",一般都是这种方式。然后单击"下一步"按钮。

第 1 步,在打开的"设置向导"页面上,输入已经申请到的电信或联通的上网账号以及密码,如果不知道可以找一下申请宽带时的单子看看,完成后单击"下一步"按钮。

第 2 步,在新弹出的页面上,SSID 可以随意修改成自己想要的名称(建议是英文字或数字,或其组合),这个名称是自己的无线网络的名称,其他值保持原样。在安全选项区,建议选中"WPA-PSK/WPA2-PSK PSK 密码"选项,并按要求设置密码(这个密码是手机或笔记本连接无线网络时需要输入的密码)。完成后单击"下一步"按钮。

第 3 步,在新弹出的页面上单击"完成"按钮。

可以通过弹出的"WAN 口状态"页面看到连接成功之后的状态,在这个页面上有WAN 口状态下获取的 IP 地址及相关信息。

如果所购买的路由器不支持向导配置,那么可以找到"网络参数"下的"WAN 口设置",然后在右边页面里进行刚才在向导里所做的设置,完成后,单击"连接"按钮,最后单击"保存"按钮。

在"无线设置"的"基本设置"中,设置"SSID 号"(即无线网络标识);在"无线安全设置"下,设置无线网络的密码,最后单击"保存"按钮即可。

6.3 双绞线的制作与测试

虽然 WiFi 已经基本普及,但是用双绞线通过 RJ-45 接口(俗称水晶头)连接的网络信号更稳定可靠,所以经常需要做一些双绞线以进行数据连接。

在一个小型的局域网里,一般传输介质是双绞线,制作 RJ-45 接口是组建局域网的基础技能。网线插头制作方法并不复杂,究其实质就是把双绞线的 4 对 8 芯网线按一定的规则制作到 RJ-45 接口中。所需材料为双绞线和 RJ-45 接口,使用的工具有 RJ-45 压线钳、双绞线剥线器、网线测试仪。

目前,在 10Base-T、100Base-T 以及 1000Base-T 网络中,最常使用的布线标准有两个,即 EIA/TIA568A 标准和 EIA/TIA568B 标准。EIA/TIA568A 标准描述的线序从左到右依次为：白绿、绿、白橙、蓝、白蓝、橙、白棕、棕；EIA/TIA568B 标准描述的线序从左到右依次为白橙、橙、白绿、蓝、白蓝、绿、白棕、棕,如表 6-1 所示。

表 6-1　EIA/TIA568A 标准和 EIA/TIA568B 标准线序表

标准	1	2	3	4	5	6	7	8
EIA/TIA568A	白绿	绿	白橙	蓝	白蓝	橙	白棕	棕
EIA/TIA568B	白橙	橙	白绿	蓝	白蓝	绿	白棕	棕

一条网线两端 RJ-45 接口中的线序排列完全相同的网线,称为直连线(平行线)(straight cable),直连线一般均采用 EIAT/TIA568B 标准,通常只适用于计算机到集线设备之间的连接。当使用双绞线直接连接两台计算机或连接两台集线设备(均为普通端口)时,另一端的线序应作相应的调整,即第 1 线、第 2 线和第 3 线、第 6 线对调,制作为交叉线(crossover cable),采用 EIAT/TIA568A 标准。

常见的以下情况需要直连线,例如计算机和交换机互连,交换机与路由器互连。如果是计算机和计算互连则需要交叉线。

很多网络设计者通常并没有严格遵守这个规则,如果不遵守这个规则,网线的抗干扰性能和抗衰减性能就会很差。建议设计者严格按照这个顺序,这样可以保证网络的最佳运行状态。所以如果去维修网络,一定要认真观察旧接口是按照什么方式来制作的,并按照它的顺序做即可。另外网线的长度最好不要大于 100m,因为网线越长,信号衰减越大。

下面进行直连线的制作。

(1) 剪断。利用压线钳的剪线刀口剪取适当长度的网线。

(2) 剥皮。用压线钳的剪线刀口将线头剪齐,再将线头放入剥线刀口,让线头角及挡板,稍微握紧压线钳慢慢旋转,让刀口划开双绞线的保护胶皮,拔下胶皮。注意:剥到裸露的网线芯线约 14mm 就可以了。

说明:网线钳挡位距离剥线刀口长度通常恰好为 RJ-45 接口长度,这样可以有效避免剥线过长或过短。剥线过长一是不美观,二是因为网线不能被 RJ-45 接口卡住,容易松动;剥线过短,因为有外皮存在,所以增加了厚度,使 RJ-45 接口的插针不能完全插到 RJ-45 接口底部,造成插针不能与网线芯线完好接触。

(3) 排序。剥除外皮即可见到双绞线网线的 4 对芯线,并且可以看到每对的颜色都不同。每对缠绕的两根芯线是由一种染有相应颜色的芯线加上一条只染有少许相应颜色的白色相间芯线组成。4 条全色芯线的颜色为:棕色、橙色、绿色、蓝色,每对线都是相互缠绕在一起的,制作网线时必须将 4 个线对的 8 条细导线一一拆开,理顺,捋直,然后按照规定的线序排列整齐。

(4) 排列 RJ-45 接口的 8 根引脚。将 RJ-45 接口有塑料弹簧片的一面向下,有引脚的一方向上,使有引脚的一端指向远离自己的方向,有方形孔的一端对着自己,此时,最左边的是第 1 脚,最右边的是第 8 脚,其余依次顺序排列。

(5) 剪齐。把线尽量押直(不要缠绕)、压平(不要重叠)、挤紧理顺(朝一个方向紧靠),然后用压线钳把线头剪平齐。这样,在双绞线插入 RJ-45 接口后,每条线都能良好接触 RJ-45 接口中的插针,避免了接触不良。如果以前剥的皮过长,可以在这里将过长的细线剪短,保留的去掉外层绝缘皮的部分约为 14mm,这个长度正好能将各细导线插入到各自的线槽。如果该段留得过长,会由于线对不再互绞而增加串扰或不能压住护套而可能导致电缆从中脱出,造成线路的接触不良甚至中断。

(6) 插入。用拇指和中指捏住 RJ-45 接口,使有塑料弹片的一侧向下,引脚一方朝向远离自己的方向,并用食指抵住;另一手捏住双绞线外皮,缓缓用力将 8 条导线同时沿 RJ-45 头内的 8 个线槽插入,一直插到线槽的顶端。

(7) 压制。先确认所有导线都到位,并透过 RJ-45 接口检查线序是否准确无误,再将 RJ-45 接口从压线钳无牙的一侧推入夹槽,并用力握紧(如果力气不够大,可以使用双手一起压),将突出在外面的引脚全部压入 RJ-45 接口内。

(8) 按同样的方法制作双绞线的另一端。如果制作的是直通双绞网线,则要确保两端 RJ-45 接口中的 8 条芯线顺序完全一致,这样整条直通双绞网线就全面制作好了。

(9) 测试。在把 RJ-45 接口的两端都做好后即可用网线测试仪进行测试,如果测试仪上 8 个指示灯都依次为绿色闪过,证明网线制作成功。如果出现任何一个灯为红灯或黄灯,都证明存在断路或者接触不良现象,此时最好先对两端 RJ-45 接口再用压线钳压一次,如果故障依旧,则需要检查两端芯线的排列顺序是否正确,如果不正确,则要剪掉错误的一端重新按照正确的芯线排列顺序制作 RJ-45 接口。如果芯线顺序正确,但测试仪在重测后仍显示红色灯或黄色灯,则表明其中存在对应芯线接触不好现象,同样需要先剪掉一端按照正确的芯线排列顺序重做一个 RJ-45 接口,如此反复,直至故障消失,测试全为绿色指示灯闪过为止。对于制作的方法不同测试仪上的指示灯亮的顺序也不同,如果是直通线,测试仪上的灯应该是依次顺序的亮;如果是交叉双绞线,测试仪的闪亮顺序应该是 3、6、1、4、5、2、7、8。

6.4 使用 IIS 配置 Web 服务器

IIS(Internet Information Sever,因特网信息服务)是由微软公司提供的基于运行 Microsoft Windows 的互联网基本服务。IIS 意味着能发布网页,可以通过 ASP(Active Server Pages)、Java、VBScript 产生页面。

当网站系统做好后,需要在服务器上发布部署,可以使用 IIS 部署网站。

IIS 主要建立在服务器一方,服务器接收从客户端发来的请求并处理它们的请求,而客户机的任务是与服务器的对话。只有实现了客户机与服务器之间信息的交流与传递,Internet、Intranet 的目标才可能实现。

Windows 集成了 IIS,是 Windows 中最主要的 Web 技术,Web 服务器依据 TCP,在 80 端口上监听客户的需求,并使用 HTTP(hypertext transfer protocol,超文本传送协议)传输网页内容,用户使用浏览器来查看 Web 站点网页内容。

IIS 是一种 Web(网页)服务组件,其中包括 Web 服务器、FTP 服务器、NNTP 服务器和 SMTP 服务器,分别用于网页浏览、文件传输、新闻服务和邮件发送等方面,它使得在网络(包括互联网和局域网)上发布信息成为一件很容易的事。

(1) Windows 7 下 IIS 服务的添加步骤。在"开始"菜单中选中"控制面板"|"程序和功能"|"打开关闭 Windows 功能"选项,在打开的"Windows 功能"对话框中把 IIS 内的所有选项全部选中,单击"确定"按钮,如图 6-1 所示。

(2) 在 Windows 7 下配置 IIS。在"开始"菜单中选中"控制面板"|"管理工具"|

图 6-1 "Windows 功能"对话框

"Internet 信息服务（IIS）管理器"选项，打开"Internet 信息服务（IIS）管理器"窗口。在左侧的"连接"窗格中选中"网站"|Default Web Site 选项，展开可管理的服务，如图 6-2 所示。双击 IIS 栏中的 ASP 图标按钮，进入 ASP 设置窗口，如图 6-3 所示。单击"行为"|"启用父路径"右侧的下拉按钮，选中 True 选项。

图 6-2 "Internet 信息服务（IIS）管理器"窗口

（3）设置高级设置的步骤。在左侧的"连接"窗格中选中"网站"|Default Web Site 选项，选中窗口下方的"内容视图"，如图 6-4 所示，在右侧窗格的"管理网站"中选中"高级设置"选项。在弹出的"高级设置"对话框中修改物理路径，即本地文件程序存放的位置，如图 6-5 所示。

（4）设置端口的步骤。在左侧的"连接"窗格中选中"网站"|Default Web Site 选项，在窗口中部的下方选中"内容视图"，在右侧窗格的"管理网站"栏中选中"编辑绑定"选项。进入网址绑定窗口，也就是端口设置窗口，默认为 80 端口，如图 6-6 所示。设置添加一个端口即可，例如 8080 端口。

第6章 计算机网络操作基础

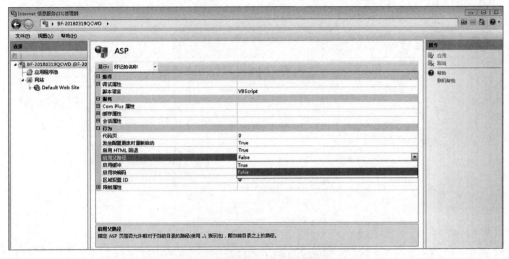

图 6-3　IIS 中的 ASP 设置界面

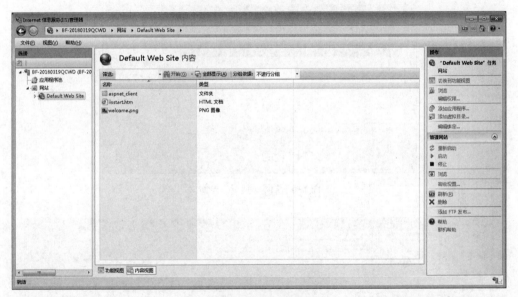

图 6-4　内容视图界面

此时，基本完成 IIS 的设置，若还是不能顺利完成本地安装，就需要注意默认文档中的选项是否含有 Default.html 这个选项，只有添加后，才能顺利完成安装。添加 Default.html 的操作是：回到主窗口界面，单击 IIS 栏中的"默认文档"图表按钮，选中"内容视图"，在右侧窗格的"操作"栏中选中"添加"选项，在弹出的对话框中输入 Default.html 即可，如图 6-7 所示。

目前大部分 Web 站点的主页文件名都为 index.htm，所以可以单击"添加"按钮，输入添加的主页文件名 index.htm，单击"确定"按钮即可。

通过默认文档左侧的上下箭头按钮，可以调整各个主页文件名优先使用的顺序。

（5）添加 Web 站点。安装 Web 服务器和配置主目录文档之后，就建立了一个 Web

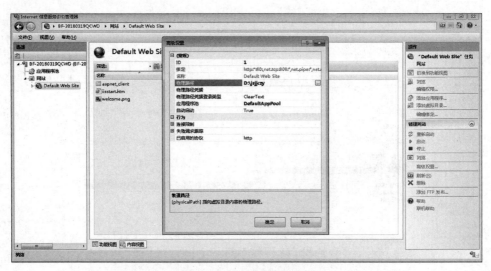

图 6-5 "高级设置"界面

图 6-6 "网站绑定"界面

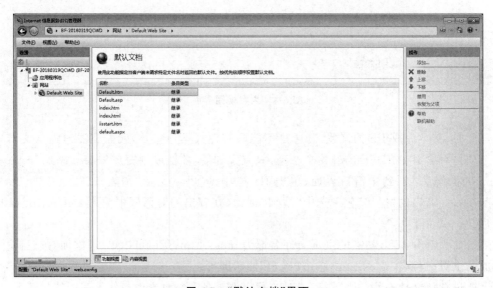

图 6-7 "默认文档"界面

站点。在主目录中存放的文件构成了 Web 站点。但在实际工作中,情况可能要更复杂些,有时会要求在一个服务器上存在着多个 Web 站点,例如一个公司中有不同部门的站点,这些站点要独立运行,互不干扰,就可以通过新建 Web 站点来实现。

新添加 Web 站点是通过不同的 IP 地址或域名来访问同一台计算机上的不同 Web 站点,在添加 Web 站点之前,要先给这台计算机设置好多个 IP 地址或域名。

6.5 使用 IIS 配置 FTP 服务器

当用户在因特网上查找到一个自己所需要的文件时,有时需要将其从远程计算机中复制一份到本地中,以便日后在本机使用。这时就需要通过一种方法来完成将远程计算机中的文件传输到本机的任务。因特网所提供的 FTP(file transfer protocol,文件传送协议)服务就是这样一种在计算机之间进行文件传输的方法,在因特网上任何两台支持 FTP 的计算机中都可以进行相互之间的文件传输,而且文件类型可以为文本、二进制、图像、声音、压缩文件等。

FTP 是一种实时联机程序,它采用的是客户-服务器结构。在进行 FTP 操作时,既需要客户应用程序,也需要服务应用程序。

FTP 服务器通过 21 端口监听客户的需求,接收来自客户的文件传送请求并满足这些请求。FTP 服务使用 FTP 传输文件。

一般在客户机中执行 FTP 客户应用程序,而在远程服务器中执行 FTP 服务器应用程序。这样用户就可以通过 FTP 客户应用程序输入用户名和口令与远程 FTP 服务器建立连接,一旦登录成功后,就可以进行与文件搜索、文件传输有关的各种操作了。

FTP 的客户端程序应用广泛,一般在 Windows 中都带有这样的软件,运行方法是在命令行中输入"FTP ＜对方 FTP 服务器的 IP 地址＞"即可,也可以在浏览器的地址栏中输入"FTP://对方 FTP 服务器的 IP 地址"访问 FTP 服务器。

安装 FTP 服务的方法如下。

在"控制面板"中选中"程序和功能"选项,单击"打开或关闭 Windows 功能"选项,选中"Internet 信息服务(IIS)"项,单击"详细信息"按钮,打开 IIS 组件对话框。选中"文件传送协议(FTP)服务器"选项,单击"确定"按钮,如图 6-8 所示。

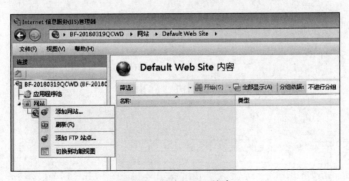

图 6-8 添加 FTP 站点

利用 IIS 建立一个新的 FTP 服务站点的步骤如下。

在"控制面板"中选中"系统和安全"选项,再在"管理工具"窗口中双击"Internet 信息服务(IIS)管理器";在弹出的"Internet 信息服务(IIS)管理器"窗体中,右击左侧的"连接"窗格中的"网站",从弹出的快捷菜单中选中"添加 FTP 站点"选项,在弹出如图 6-9 所示的对话框中,输入 FTP 站点的名称(例如 myFtp)和物理路径(例如 F:\Sort),然后单击"下一步"按钮。

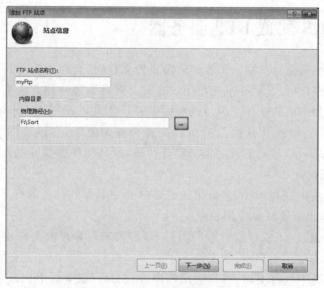

图 6-9　输入 FTP 站点信息

在"IP 地址"框中输入本机的 IP 地址(例如,输入本机 IP 地址为 192.168.1.100),如果本地计算机安装有多个网卡,则在 IP 地址处选择"全部未分配",如图 6-10 所示。单击"下一步"按钮(注:此步操作时要根据实际情况,慎重配置)。

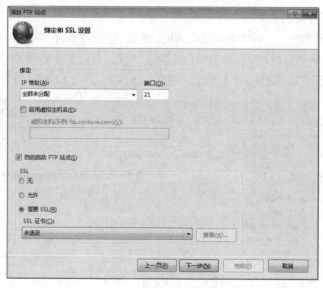

图 6-10　"绑定和 SSL 设置"界面

如果局域网中的安全问题没有过于敏感的信息,在身份验证中选中"匿名",并允许所有用户访问,执行读和写的操作权限,如图 6-11 所示,最后单击"完成"按钮。

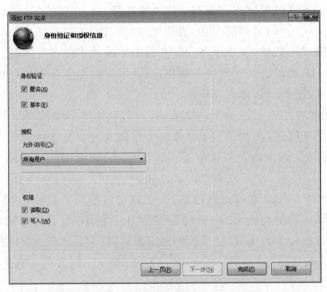

图 6-11 "身份验证和授权信息"界面

可以对 FTP 站点中的参数修改,修改完毕,通过右击 FTP 站点,从弹出的快捷菜单在选中"管理 FTP 站点"选项,再选中"重新启动",使修改生效。

6.6 网络常用命令

网络命令是功能强大的以命令行方式执行的工具。它包含了管理网络环境、服务、用户、登录等 Windows 中大部分重要的管理功能。使用 net 命令可以轻松地管理本地或者远程计算机的网络环境,以及各种服务程序的运行和配置,或者进行用户管理和登录管理等。用户可以使用 net 命令获取给出的特定信息。网络常用命令有如下几个。

1. ping 命令

ping 是一个使用频率极高的实用程序,主要用于确定网络的连通性。这对确定网络是否正确连接,以及网络连接的状况十分有用。简单地说,ping 就是一个测试程序,如果 ping 运行正确,大体上就可以排除网络访问层、网卡、调制解调器的输入输出线路、电缆和路由器等存在的故障,从而缩小问题的范围。

ping 能够以毫秒为单位显示发送请求到返回应答之间的时间量。如果应答时间短,表示数据报不必通过太多的路由器或网络,连接速度比较快。ping 还能显示 TTL(time to live,生存时间)值,通过 TTL 值可以推算数据包通过了多少个路由器。

(1)命令格式。ping 命令的格式如下:

ping　主机名
ping　域名
ping　IP 地址

(2) ping 命令的基本应用。一般情况下,用户可以通过使用一系列 ping 命令来查找问题出在什么地方或检验网络运行的情况。

下面给出一个典型的检测次序及对应的可能故障。

① ping 127.0.0.1。如果测试成功,表明网卡、TCP/IP 的安装、IP 地址、子网掩码的设置正常。如果测试不成功,就表示 TCP/IP 的安装或设置存在有问题。

② ping 本机 IP 地址。如果测试不成功,则表示本地配置或安装存在问题,应当对网络设备和通信介质进行测试、检查并排除。

③ ping 局域网内其他 IP。如果测试成功,表明本地网络中的网卡和载体运行正确。但如果收到 0 个回送应答,那么表示子网掩码不正确或网卡配置错误或电缆系统有问题。

④ ping 网关 IP。这个命令如果应答正确,表示局域网中的网关路由器正在运行并能够做出应答。

⑤ ping 远程 IP。如果收到正确应答,表示成功地使用了默认的网关。对于拨号上网用户则表示能够成功的访问 Internet(但不排除 ISP 的 DNS 会有问题)。

⑥ ping localhost。localhost 是系统的网络保留名,它是 127.0.0.1 的别名,每台计算机都应该能够将 localhost 转换成 127.0.0.1。否则,表示主机文件(/Windows/host)中存在问题。

⑦ ping www.yahoo.com(一个著名网站域名)。对此域名执行 ping 命令,计算机必须先将域名转换成 IP 地址,通常是通过 DNS 服务器。如果这里出现故障,则表示本机 DNS 服务器的 IP 地址配置不正确,或它所访问的 DNS 服务器有故障。

如果上面所列出的所有 ping 命令都能正常运行,那么计算机进行本地和远程通信基本上就没有问题了。但是,这些命令的成功并不表示所有的网络配置都没有问题,例如,某些子网掩码错误就可能无法用这些方法检测到。

(3) ping 命令的常用参数选项。

① ping IP -t:连续对 IP 地址执行 ping 命令,直到被用户按 Ctrl+C 组合键中断。

② ping IP -l 2000:指定 ping 命令中的特定数据长度(此处为 2000B),而不是默认的 32B。

③ ping IP -n 20:执行特定次数(此处是 20)的 ping 命令。

注意:随着防火墙功能在网络中的广泛使用,当用 ping 命令测试其他主机的连通性或其他主机用 ping 命令测试本地主机时,若显示主机不可达的时候,不要草率地下结论。最好与对某台"设置良好"主机的测试结果进行对比。

2. ipconfig 命令

ipconfig 实用程序可用于显示当前的 TCP/IP 配置的设置值,一般用来检验人工配置的 TCP/IP 设置是否正确。

如果计算机和所在的局域网使用了动态主机配置协议(DHCP),使用 ipconfig 命令可以了解到本地计算机是否成功地租用到了一个 IP 地址,如果已经租用到,则可以了解它目前得到的是什么地址,包括 IP 地址、子网掩码和默认网关等网络配置信息。

下面给出最常用的选项:

(1) ipconfig:当使用不带任何参数选项的 ipconfig 命令时,显示每个已经配置了接口的 IP 地址、子网掩码和默认网关值。

（2）ipconfig/all：当使用 all 选项时，ipconfig 能为 DNS 和 WINS 服务器显示它已配置且所有使用的附加信息，并且能够显示内置于本地网卡中的物理地址（MAC）。如果 IP 地址是从 DHCP 服务器租用的，ipconfig 将显示 DHCP 服务器分配的 IP 地址和租用地址预计失效的日期。

（3）ipconfig/release 和 ipconfig/renew：这两个附加选项，只能在向 DHCP 服务器租用 IP 地址的计算机使用。如果输入"ipconfig/release"，那么所有接口的租用 IP 地址便重新交付给 DHCP 服务器（归还 IP 地址）。如果输入"ipconfig /renew"，那么本地计算机便设法与 DHCP 服务器取得联系，并租用一个 IP 地址。大多数情况下网卡将被重新赋予和以前相同的 IP 地址。

3. arp 命令（地址转换协议）

arp 是 TCP/IP 协议族中的一个重要协议，用于确定对应 IP 地址的网卡物理地址。

使用 arp 命令，能够查看本地计算机或另一台计算机的 ARP 高速缓存中的当前内容。此外，使用 arp 命令可以人工方式设置静态的网卡物理地址/IP 地址对，使用这种方式可以为默认网关和本地服务器等常用主机进行本地静态配置，这有助于减少网络上的信息量。

按照默认设置，ARP 高速缓存中的项目是动态的，每当向指定地点发送数据并且此时高速缓存中不存在当前项目时，ARP 便会自动添加该项目。

常用命令选项如下。

① arp -a。用于查看高速缓存中的所有项目。

② arp -a IP。如果有多个网卡，那么使用 arp -a 加上接口的 IP 地址，就可以只显示与该接口相关的 ARP 缓存项目。

③ arp -s IP 物理地址。向 ARP 高速缓存中人工输入一个静态项目。该项目在计算机引导过程中将保持有效状态，或者在出现错误时，人工配置的物理地址将自动更新该项目。

④ arp -d IP。使用本命令能够人工删除一个静态项目。

4. traceroute 命令

使用 traceroute 命令测定路由，可以显示数据包到达目的主机所经过的路径。

traceroute 命令的基本用法是，在命令提示符后输入"tracert host_name"或"tracert ip_address"，其中，tracert 是 traceroute 在 Windows 操作系统上的称呼。

输出有 5 列：

第 1 列是描述路径的第 n 跳的数值，即沿着该路径的路由器序号；

第 2 列是第 1 次往返的时间延迟；

第 3 列是第 2 次往返的时间延迟；

第 4 列是第 3 次往返的时间延迟；

第 5 列是路由器的名字及其输入端口的 IP 地址。

如果从任何给定的路由器接收到的报文少于 3 条（由于网络中的分组丢失），traceroute 就会在该路由器号码后面放一个星号，并报告到达那台路由器的少于 3 次的往返时间。

此外，tracert 命令还可以用来查看网络在连接站点时经过的步骤或采取哪种路线，如果是网络出现故障,就可以通过这条命令查看出现问题的位置。

5. route 命令

大多数主机一般都是驻留在只连接一台路由器的网段上。由于只有一台路由器,因此不存在选中使用哪一台路由器将数据包发送到远程计算机上去的问题,该路由器的 IP 地址可作为该网段上所有计算机的默认网关。

当网络上拥有两个或多个路由器时,可以让某些远程 IP 地址通过某个特定的路由器来传递,而其他的远程 IP 则通过另一个路由器来传递。在这种情况下,用户需要相应的路由信息,这些信息储存在路由表中,每个主机和每个路由器都配有自己独一无二的路由表。大多数路由器使用专门的路由协议来交换和动态更新路由器之间的路由表。但在有些情况下,必须人工将项目添加到路由器和主机上的路由表中。route 命令就是用来显示、人工添加和修改路由表项目的。该命令可以使用如下选项。

(1) route print。本命令用于显示路由表中的当前项目。

(2) route add。使用本命令,可以将路由项目添加给路由表。

例如,如果要设定一个到目的网络 209.99.32.33 的路由,其间要经过 5 个路由器网段,首先要经过本地网络上的一个路由器 IP 为 202.96.123.5,子网掩码为 255.255.255.224,那么用户应该输入以下命令:

```
route add 209.99.32.33 mask 255.255.255.224 202.96.123.5 metric 5
```

(3) route change。可以使用本命令来修改数据的传输路由,不过,用户不能使用本命令来改变数据的目的地。下面这个例子将上例路由改变采用一条包含 3 个网段的路径:

```
route add 209.99.32.33 mask 255.255.255.224 202.96.123.250  metric 3
```

(4) route delete。使用本命令可以从路由表中删除路由。例如:

```
route delete 209.99.32.33
```

6. nslookup 命令

命令 nslookup 的功能是查询任何一台计算机的 IP 地址和其对应的域名。它通常需要一台域名服务器来提供域名。如果用户已经设置好域名服务器,就可以用这个命令查看不同主机的 IP 地址对应的域名。

(1) 在本地机上使用 nslookup 命令查看本机的 IP 及域名服务器地址。

直接输入命令,系统返回本机的服务器名称(带域名的全称)和 IP 地址,并进入以 ">"为提示符的操作命令行状态;输入"?"可查询详细命令参数;若要退出,需输入 exit。

(2) 查看 www.zzu.edu.cn 的 IP。在提示符后输入要查询的 IP 地址或域名并按 Enter 键即可。

7. nbtstat 命令

使用 nbtstat 命令可以查看计算机上网络配置的一些信息。使用这条命令还可以查找出别人计算机上一些私人信息。如果想查看自己计算机上的网络信息,可以运行

```
nbtstat -n
```

得到所在的工作组、计算机名以及网卡地址等信息；想查看网络上其他计算机的情况，就运行

```
nbtstat -a *.*.*.*
```

其中，*.*.*.*用 IP 地址代替就会返回得到那台主机上的一些信息。

8. netstat 命令

学习使用 netstat 命令，可以了解网络当前的状态。

netstat 命令能够显示活动的 TCP 连接、计算机侦听的端口、以太网统计信息、IP 路由表、IPv4 统计信息（对于 IP、ICMP、TCP 和 UDP）以及 IPv6 统计信息（对于 IPv6、ICMPv6、通过 IPv6 的 TCP 以及 UDP）。使用时如果不带参数，netstat 显示活动的 TCP 连接。

下面给出 netstat 的一些常用选项。

① netstat -a。显示所有的有效连接信息列表，包括已建立的连接（ESTABLISHED），也包括监听连接请求（LISTENING）的那些连接。

② netstat -n。以点分十进制的形式列出 IP 地址，而不是象征性的主机名和网络名。

③ netstat -e。用于显示关于以太网的统计数据。它列出的项目包括传送的数据包的总字节数、错误数、删除数、数据包的数量和广播的数量。这些统计数据既有发送的数据包数量，也有接收的数据包数量。使用这个选项可以统计一些基本的网络流量。

④ netstat -r。可以显示关于路由表的信息，类似于 route print 命令时看到的信息。除了显示有效路由外，还显示当前有效的连接。

⑤ netstat -s。用于按照各个协议分别显示其统计数据。这样就可以看到当前计算机在网络上存在哪些连接，以及数据包发送和接收的详细情况，等等。如果应用程序（如 Web 浏览器）运行速度比较慢，或者不能显示 Web 页之类的数据，那么可以用本选项来查看一下所显示的信息。仔细查看统计数据的各行，找到出错的关键字，进而确定问题所在。

9. net 命令

了解 net 服务的功能，学会使用 net 服务命令解决有关网络问题。

在命令行输入"net help command"，可以在命令行获得 net 命令的语法帮助。例如，要得到关于 net accounts 命令的帮助信息，可以输入"net help accounts"。

所有 net 命令都可以使用/y 和/n 命令行选项。例如：

```
net stop server
```

用于提示用户确认停止所有依赖的服务器服务；

```
net stop server/y
```

表示确认停止并关闭服务器服务。

要看到所有可用的 net 命令的列表,可以在命令提示符窗口输入 net/? 得到。

表 6-2 列出了基本的 net 命令及它们的作用。

表 6-2 net 命令及其作用

命　　令	例　　子	作　　用
net accounts	net accounts	查阅当前账号设置
net config	net config server	查阅本网络配置信息统计
net group	net group	查阅域组(在域控制器上)
net print	net print\\printserver\printer1	查阅或修改打印机映射
net send	net send server1 "test messag"	向别的计算机发送消息或广播消息
net share	net share	查阅本地计算机上共享文件
net start	net start messenger	启动服务
net statistics	net statistics strver	查阅网络流量统计值
net stop	net stop Messenger	停止服务
net use	net use x:\\server1\admin	将网络共享文件映射到一个驱动器字母
net user	net user	查阅本地用户账号
net view	net view	查阅网络上可用计算机

注意:若是 Windows 7 操作系统,应该在打开 cmd 之后,首先要运行命令(设置环境变量)set path=%path%;%windir%;%windir%\system32,然后可以使用 net 命令。

6.7 使用 IE 浏览器上网

Internet Explorer(IE)是微软公司推出的一款网页浏览器,由于其兼容性强、使计算机与网络结合得比较好,因此受到用户的欢迎。

1995—2014 年,IE 共有 11 个主版本。从 IE4 开始成为微软正式的专属软件,此后每一次新 Windows 系统发布,必不可少的就是 IE 版本同时升级。IE6 是微软公司最后一款命名 Microsoft Internet Explorer 的 IE。从 IE7 开始,IE 全称变为 Windows Internet Explorer,表明 IE 彻底成为 Windows 系统组件。必须下载完整的 IE 安装包或者插入安装光盘才能安装 IE,若是升级包,在彻底删除 IE 的计算机上是无法成功安装 IE 的。IE9 是微软在 IE4 后现唯一单独发布的 IE(未在 Windows 中集成)。

IE8 是支持 Windows XP 的最后一款 IE,而某些 Windows 7 用户也没有更新至 IE9、IE10 甚至 IE11,从而使得 IE8 拥有较高的市占率。下面以 IE8 为例介绍如何上网。

1. 启动 IE8

双击 Windows 桌面上的 IE 图标,或者在"开始"菜单中选中"所有程序"|Internet Explorer 选项,启动 IE8。

2. IE8 窗口的组成

IE8 窗口由标题栏、地址栏、菜单栏、收藏夹栏、命令栏、选项卡栏、内容显示区、状态栏和滚动条组成,如图 6-12 所示。

图 6-12　使用 IE8 的浏览器窗口

标题栏显示正在访问的网页名称。

工具栏提供了常用的命令,具体如下。

(1) "返回"按钮。单击该按钮,可以返回到曾访问过的上一个网页。单击该按钮右侧的三角按钮,在弹出的下拉列表中,可以选择曾访问过的网页。

(2) "前进"按钮。使用"返回"按钮后,又要向前浏览网页,可以使用此按钮。单击该按钮右侧的三角按钮,在弹出的下拉列表中,可以选择曾经访问过的网页,也可以打开历史记录按钮。

(3) "停止"按钮。单击该按钮,停止正在访问的网页的下载。

(4) "刷新"按钮。单击该按钮,重新加载当前网页能及时阅读更新后的网页。

(5) "主页"按钮。单击该按钮,返回到打开 IE 时的起始页。

(6) "收藏夹"按钮。单击该按钮,IE 可以列出收藏夹中的内容,用户可以选择其中的网页地址然后去打开;也可以利用"收藏夹"按钮,将当前网页的网址分类保存在收藏夹。

(7) "工具"按钮。单击改按钮,弹出一个菜单,可以进行"打印""文件""缩放""安全""Internet 选项"等操作。

命令栏中的主要命令如下。

(1) "主页"按钮。单击该按钮,打开空白页。单击该按钮右侧三角按钮,从弹出的下拉列表中,可以选择添加或更改主页操作。

(2) "阅读邮件"按钮。单击该按钮,可以打开 Outlook 邮件管理器,进行邮件的处理。

(3) "打印"按钮。单击该按钮,可以打印当前网页。单击该按钮右侧三角按钮,在弹出的下拉列表中,可以选择"打印""打印预览""页面设置"。

3. 浏览网页

(1) 使用超链接。通过网页的超链接可以在万维网上漫游。当启动 IE 后,屏幕上将显示出网站的主页,在主页及其将要连接的网页上都有许多超链接,只要将鼠标指针指向这些超链接位置,鼠标指针变成小手形状,此时单击,就实现了从当前网页进入下一个网页的超链接。

(2) 使用地址栏访问网站或网页。在地址栏输入网站或网页的网址,然后按 Enter 键或者单击地址栏右边的"转到"按钮,便进入指定的网站或网页,同时在状态栏显示出访问和连接网页或网站的状态。

(3) 使用菜单栏的命令访问网站或网页。选中"文件"|"打开"菜单选项,在弹出的"打开"的文本框中输入要访问的网站或网页的地址,再单击"确定"按钮。

(4) 使用工具栏访问曾访问过的网页。

① 利用"返回""前进"按钮访问曾访问过的网页。

② 利用历史记录浏览。其方法是,单击"前进"按钮右侧的三角按钮,在弹出的下拉列表中,单击"历史记录"按钮,在窗口左边出现一个"历史记录"窗口,如图 6-13 所示。

图 6-13　含有历史记录的 IE8 窗口

单击"历史记录"窗口中的下拉按钮,可以选择查看的方式。在"按日期查看"方式下,可以通过单击"时间"展开或收起曾经打开过的网页;如果选择"收藏夹",可以根据列出的收藏夹中的内容进行选择。

如果要删除历史记录中的内容,只需右击待删除的内容,从弹出的快捷菜单中选中"删除"选项,选择的内容即被删除。

(5) 使用收藏夹中的网址访问网页。利用收藏夹访问网址的方法是,单击工具栏上的"收藏夹"按钮,在"收藏夹"窗格中将显示出文件夹及其保存过的网址,单击其中的网址名或者打开文件夹单击其中的网址名,在窗口中可显示出相应的网页。

也可以单击工具栏上的"收藏"按钮进行选择浏览,如图6-14所示。

4. 利用收藏夹保存网页的网址

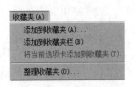

图6-14 含有收藏夹菜单的IE8窗口

一些网页假如要经常浏览,可将其网址保存在收藏夹中,以后再次访问时可直接单击被保存的网址进入。保存网页网址的方法是,首先进入要保存网址的网页,然后选中"收藏夹"|"添加到收藏夹"菜单选项,如图6-14所示。在打开的"添加收藏"对话框中,如图6-15所示,可以直接单击"添加"按钮,放于收藏夹栏中;也可以单击"新建文件夹",在弹出的"创建文件夹"对话框中创建一个新的文件夹放置网页,如图6-16所示。或者通过单击图6-15中的下拉列表中的下拉按钮,添加到已有的某个文件夹中。

如果要删除收藏夹中的文件夹或网址,只需右击待删除的内容,然后从弹出的快捷菜单中选中"删除"选项。选择的内容即被删除。

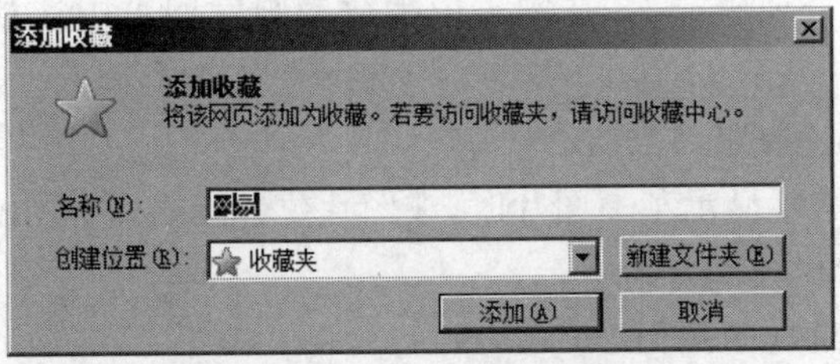

图6-15 "添加收藏"对话框

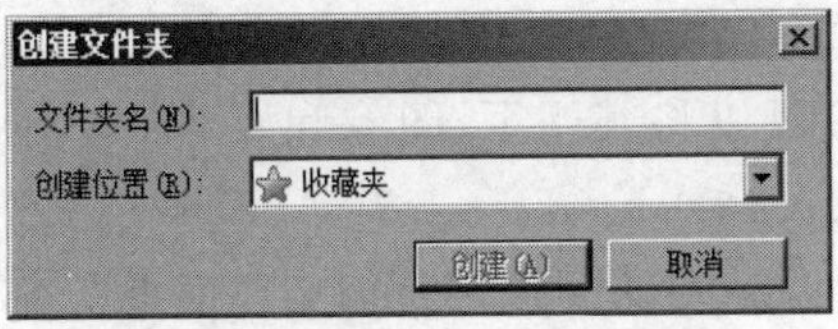

图6-16 "创建文件夹"对话框

5. 搜索当前页面文字信息

如果当前页面信息较多时,可以选中"编辑"|"在此页上查找"菜单选项,快速找到需要查找的关键字。只要在"查找"框中输入要查找的关键字,选择是"全字匹配"还是"区分大小写",然后单击"上一个"或者"下一个"按钮,即可快速查找要找的关键字。

6. 保存图形

右击要保存的图形,从弹出的快捷菜单中选择"图片另存为"选项,在出现的"保存图片"对话框中选择保存位置及文件名,然后单击"保存"按钮。

7. 重新设置主页

启动IE后出现的第一个页面称为主页,可以改变主页,其步骤如下。

步骤1,打开准备设置成为主页的页面。

步骤2,选择"工具"菜单或"⚙工具"按钮中的"Internet 选项"命令。

步骤3,在出现的"Internet 选项"对话框中,单击"常规"标签。

步骤4,在"主页"区中,单击"使用当前页"按钮,系统便将当前页设置为主页;也可直接在当前窗口的"地址栏"中输入被作为主页的网址。

步骤5,单击"确定"按钮,完成设置。

也可以直接打开"Internet 选项"对话框中的"常规"选项卡,将准备设置成为主页的页面网址输入到"主页"区中,单击"确定"按钮。

8. 快速浏览网页

提高浏览网页速度的方法有许多,从计算机硬件方面可以增加内存、选择高速的 CPU,从软件方面可以使用代理服务器、适当增加高速缓存容量,也可以通过改变设置的方法提高浏览网页的速度。下面介绍通过改变设置的方法提高浏览网页的速度。

在浏览网页中,多媒体成分会延长网页出现的时间,为了提高浏览网页的速度,在浏览网页时,可以不要动画、声音、图片。其设置的方法及步骤如下:

步骤1,选中"工具"|"Internet 选项"菜单选项。

步骤2,在出现的"Internet 选项"对话框中单击"高级"选项卡。

步骤3,在多媒体一项中清除"在网页中播放动画""网页中播放声音"和"显示图片"等框内的选择符号。

步骤4,单击"确定"按钮,完成设置。

如果在浏览网页需要显示某一图片时,在图片位置处右击,在出现的快捷菜单中选择"显示图片",可以显示出该图片。

9. 显示不同汉字编码的页面

有时浏览中文页面时会出现"乱码",其原因是汉字的编码不同而引起的。解决这种问题的简单方法是,选中"查看"|"编码"|Unicode(UTF-8)菜单选项。

10. 设置临时文件夹的存储容量

一般访问过的页面,IE 可以将其网页、图像和媒体的副本存储在 Internet 临时文件夹中,默认位置是 C:\Users\Administrator\AppData\Local\Microsoft\Windows\Temporary Internet Files,以后再访问该网页时,IE 检查所存网页的版本,如果相同,就会直接调用硬盘中的文件。可以重新设置存放临时文件的磁盘空间,以保存更多的网页数据。设置步骤如下:

步骤1,启动 IE。

步骤2,选中"工具"|"Internet 选项"菜单选项。

步骤3,在弹出的"常规"对话框中单击"浏览历史记录"栏的"设置"按钮。

步骤4,在出现的"设置"对话框中,调整"Internet 临时文件"区的数值框,可重新设置要使用的磁盘空间的大小。

步骤5,单击"确定"按钮,结束设置。

11. 显示工具栏和隐藏工具栏

使用 IE 时,如果窗口中的某个工具栏没有出现,可以选中"查看"|"工具栏"中相应的子菜单选项,如图 6-17 所示,此时相应的工具栏即可在 IE 窗口出现或隐藏。若选定"锁定工具栏"项,将会禁止改变工具

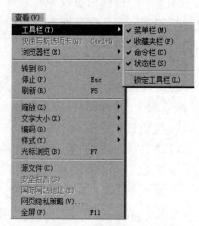

图 6-17 "查看"菜单栏

栏的显示方式。

12. 避免重复输入网址

如果再次访问某一网页需要重复输入某一网址时,可以直接单击地址栏右边的下拉按钮,从下拉列表中单击要输入的网址,用此方法可以减少输入网址的次数,提高上网速度。

13. 将图片设置为桌面

浏览网页时,看到一幅好的图片想把它作为桌面,此时可右击该图片,从弹出的快捷菜单中选中"设置为背景"选项,一幅漂亮的桌面即可出现在计算机屏幕上。

14. 导出导入收藏夹

如果有多台计算机上网或者使用多个浏览器上网,而且要共享一个收藏夹的内容,可以使用收藏夹的导入和导出的功能实现。下面以"导出收藏夹"为例说明其操作步骤。

步骤1,选中"文件"|"导入和导出"菜单选项。

步骤2,在出现的"导入/导出设置"对话框中,选中"导出到文件"单选按钮,如图6-18所示。

步骤3,在打开的对话框中,选中"收藏夹"复选框,如图6-19所示,单击"下一步"按钮。

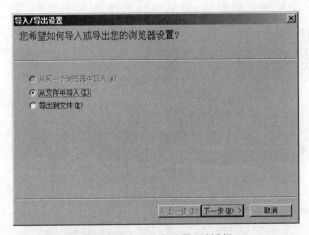

图6-18 "导入/导出设置"对话框(1)

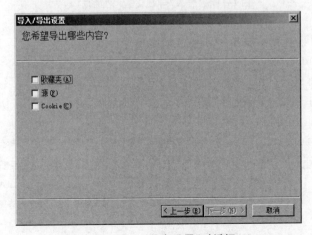

图6-19 "导入/导出设置"对话框(2)

步骤4,在新出现的对话框中,选中"要导出的收藏夹",如图6-20所示,单击"下一步"按钮。

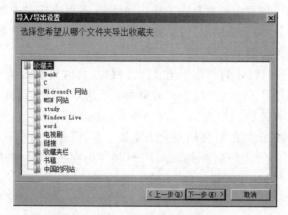

图6-20 "导入/导出设置"对话框(3)

步骤5,可以在文本框中输入所导出的收藏夹放置的位置以及文件名或者单击"浏览"按钮,重新选择需要导出的位置(盘区和文件夹),如图6-21所示。单击"下一步"按钮。

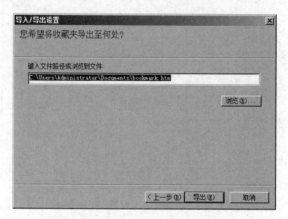

图6-21 "导入/导出设置"对话框(4)

步骤6,单击"完成"按钮,完成收藏夹导出任务。

15. 断开与 Internet 的连接

如果是有线连接,单击右下角通知图标,在打开"网络和共享中心"窗口中,单击"更改适配器设置",在打开的"网络连接"窗口中右击"已连接"的本地连接,从弹出的快捷菜单中选中"禁用"选项。

如果是 WiFi 连接,单击任务栏右侧通知图标,单击标识"已连接"的网络名,单击"断开"按钮,或者,右击标识"已连接"的网络名,从弹出的快捷菜单中选中"断开"选项。

第 7 章

Dreamweaver 的使用

Dreamweaver CS6 是一套拥有可视化编辑界面,用于制作并编辑网站和移动应用程序的网页设计软件。它支持代码、拆分、设计、实时视图等多种方式来创作、编写和修改网页(通常是标准通用标记语言下的一个应用 HTML),对于初级人员,可以无须编写任何代码就能快速创建 Web 页面。

7.1 Dreamweaver CS6 概述

1. Dreamweaver CS6 基础

运行中文 Dreamweaver CS6,其欢迎界面如图 7-1 所示,在"新建"栏中选中 HTML,进入 Dreamweaver CS6 工作区,如图 7-2 所示。

图 7-1 Dreamweaver CS6 欢迎界面

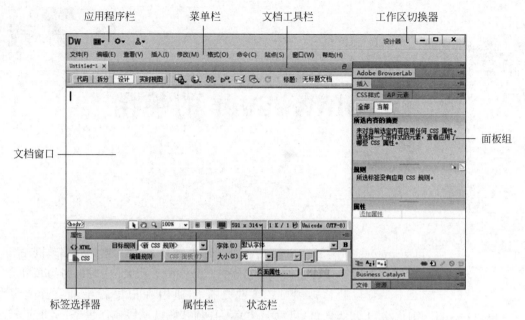

图 7-2 采用"设计器"风格的 Dreamweaver CS6 工作区

从图 7-2 可以看出，Dreamweaver CS6 的工作区主要由应用程序栏、菜单栏、文档窗口、文档工具栏、编辑区、状态栏、"属性"栏（"属性"面板）、"插入"栏（"插入"面板）以及面板组等组成。选中"查看"|"显示面板"或"隐藏面板"菜单选项，可以显示或隐藏面板组和"属性"面板；选中"查看"|"工具栏"菜单中的某个选项，可以打开或关闭"文档""标准"或"样式呈现"工具栏；选中"窗口"|"属性"或"插入"命令，可以打开或关闭"属性"与"插入"栏；单击"窗口"|"属性"或插入"菜单选项，可以打开或关闭相应的面板。

2. 工作区布局和首选参数设置

（1）改变 Dreamweaver CS6 工作区。选中"窗口"|"工作区布局"菜单中的某个选项，可以切换到一种 Dreamweaver CS6 工作区布局。

（2）保存工作区。调整工作区布局后，选中"窗口"|"工作区布局"|"新建工作区"菜单选项，打开"新建工作区"对话框，在"名称"文本框内输入"自定义的名字"后，单击"确定"按钮，即可保存当前的工作区布局。之后，只要选中"窗口"|"工作区布局"|"重置'自定义的名字'"菜单选项，即可进入相应风格的工作区。

（3）首选参数设置。Dreamweaver CS6 的许多设置可以通过参数设置完成。选中"编辑"|"首选参数"菜单选项，调出"首选参数"对话框，进行相关设置。

3. 建立本地站点

建立本地站点就是将本地主机磁盘中的一个文件夹定义为站点，然后将所有文档都存放到该文件夹中，以便管理。建立本地站点的方法如下。

（1）选中"站点"|"新建站点"菜单选项，调出"站点设置对象"对话框，如图 7-3 所示。也可以通过选中"文件"面板中的"管理站点"或者选中"站点"|"管理站点"菜单选项，调出"管理站点"对话框。

（2）在"站点设置对象"对话框内的"站点名称"文本框中输入站点的名称（例如站点

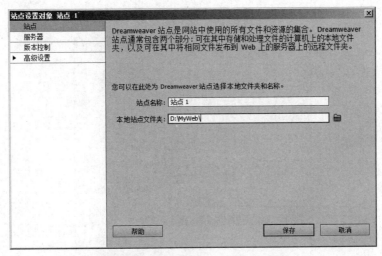

图 7-3 "站点设置对象 站点 1"对话框

1),在"本地站点文件夹"文本框中输入本地文件夹的路径(例如,D:\MyWeb\),如图 7-3 所示。

(3)单击"高级设置"中的"本地信息"选项,如图 7-4 所示。

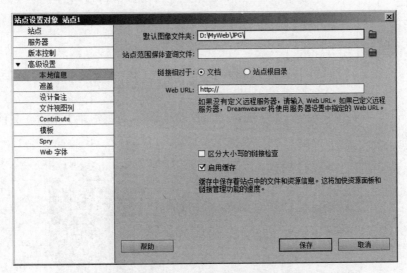

图 7-4 "站点设置对象 站点 1"(高级设置-本地信息)对话框

(4)在"默认图像文件夹"文本框中输入存储站点图像的文件夹路径,如图 7-4 所示。也可以单击该文本框右边的文件夹图标,调出"选择图像文件夹"对话框选择。当图像添加到文档时,Dreamweaver 将使用该文件夹路径。

(5)单击"站点设置对象"对话框内的"保存"命令,初步完成本地站点的设置。此时,"文件"面板会显示出本地站点文件夹内的文件。

4. 建立站点文件夹或文件

网站建完之后要在站点下建立文件夹或文件,用于存储一些必要的内容。若要在站点中新建文件夹,可以右击"站点-站点 1(D:\MyWeb)",从弹出的快捷菜单中选中"新建文件夹"选项,如图 7-5 所示,然后命名新建的文件夹。

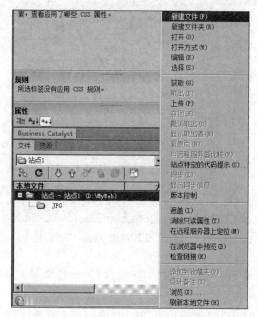

图 7-5 建立站点文件夹或文件快捷菜单

7.2 创建网页基本元素

1. 插入文本信息

在建好的站点下创建一个名为 index.html 的主页文件。双击打开主页文件,此时页面是空白的,如图 7-6 所示。

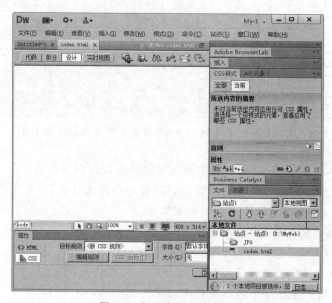

图 7-6 打开主页文件窗口

文本是网页中用的最多的元素之一，在网页制作中要准确把握好文本的字体、大小和颜色等属性，网页一般使用宋体，字号10～12磅，颜色默认黑色，实际设置时应根据用户需求。

（1）插入文本的方法。当要插入文本时，先将光标定位到需要输入文本的位置，此时窗口中出现闪动的光标，提示录入文字的起始位置。

此时可以直接在Dreamweaver CS6的"设计"视图窗口中输入文本内容，或者通过复制或剪切将其他文档中的文字素材粘贴进来。也可以选中"文件"|"导入"菜单选项，导入文本信息。

在"设计"视图窗口中，直接按Enter键可以进行分段；在"代码"视图窗口中，直接按Shift + Enter组合键可以进行换行。

（2）设置段落缩进的方法。在Dreamweaver CS6里的段落前直接按空格键是没有效果的，可以在代码编辑状态下，找到段落的开头，输入两个 字符（一个 表示一个空格字符），然后在"设计"视图窗口里看一下。

（3）文本格式化方法。选中文本后，在"属性"面板中，单击"<>HTML"按钮，格式化文本；单击CSS按钮，设置字号。

（4）插入水平线。选中"插入"|"HTML"|"水平线"菜单选项，可以在光标所在的行插入一条水平线。选中"水平线"后，可以在其"属性"面板的"宽"文本框中输入水平线的垂直宽度数值，单位有像素（px）和百分数（％）两种。在"对齐"下拉列表框内可以选择"默认""左对齐""居中对齐"或"右对齐"选项。选中"阴影"复选框，则水平线是亮实心的。

（5）设置网页标题。在"设计"视图窗口中，直接在"标题"框处输入网页标题，或在"代码"视图的title标签中输入网页标题。

（6）预览文档效果。按F12键，单击"保存"命令保存文档，然后在默认的浏览器中预览文档效果。

2. 插入图像信息

在网页中插入图像，使网页图文并茂，可以使网页更加生动、视觉上更加直观，以给浏览者留下深刻印象。

图像标签是<img>，<img>标签是单独呈现的，没有结束标签。<img>创建的是被引用图像的占位空间，不会在网页中插入图像，而是从网页上链接图像。<img>有两个重要属性：src属性（规定显示图像的URL）和alt属性（规定图像链接失败时的替代文本）。

网页上常用的图像格式有JPG、GIF和PNG等，可以适合不同的浏览器平台。网页图片不能太大，一般为几十到几百千字节为宜。

（1）插入普通图像。新建一个网页文件并打开，在"设计"视图中，把光标定位到页面的插入点处，选中"插入"|"图像"菜单选项，在弹出"选择图像源文件"对话框中找到合适的图片文件，单击"确定"按钮，弹出"图像标签辅助功能属性"对话框，在"替换文本"中输入待替换的文字（也可以在"属性"面板中设置），单击"确定"按钮，完成图像的插入。

选中图像，选中"格式"|"对齐"菜单选项，设置图像的对齐方式。

选中"修改"|"编辑标签"菜单选项，设置图像的宽度、高度、边框、水平间距、垂直间距等属性，也可以通过"属性"面板完成图像的属性设置。

(2) 插入背景图像。新建一个网页文件并打开,单击"属性"面板上的"页面属性"按钮,弹出"页面属性"对话框,在"分类"中选中"外观(CSS)",在"背景图像"中单击"浏览"按钮,选中合适的图片文件,单击"确定"按钮,在"重复"下拉列表中选中图片横向重复 repeat-x,单击"确定"按钮,完成背景设置。

3. 插入多媒体元素

(1) 插入 Flash 动画。Flash 动画属于二维动画,可以用 Flash 软件制作,其文件格式为 SWF 的矢量动画格式,被广泛应用于网页设计、动画制作等领域。SWF 动画通常也被称为 Flash 动画。Flash 动画可以使用 Adobe Flash Player 来播放,Adobe Flash Player 分为独立播放器版和浏览器插件两类,网页上的动画一般用浏览器播放,但需要安装 Adobe Flash Player 浏览器插件,否则网页上的大部分动画和视频将无法观看(同时页面上会反复弹出窗口,提示用户安装 Adobe Flash Player 插件)。

在网页中插入 Flash 动画的方法是,打开"设计"视图,选中"插入"|"媒体"|Flash 或者"插入"|"媒体"|"插件"菜单选项,在弹出的"选择文件"对话框中,找到 SWF 文件,单击"确定"按钮。

(2) 插入 FLV 视频文件。FLV(flash video)视频文件极小、加载速度极快,使得网络观看视频文件成为可能。网络的访问者只要能看到 Flash 动画,自然也能看到 FLV 格式视频,无须额外安装其他视频插件。

在网页中插入 FLV 视频文件的方法是,打开"设计"视图,选中"插入"|"媒体"|"Flash 视频"菜单选项,在弹出的"插入 Flash 视频"对话框中,找到 FLV 视频文件,单击"确定"按钮。

(3) 插入 WMV 等视频文件。在"设计"视图中,选中"插入"|"媒体"|"插件"菜单选项,在弹出的"选择文件"对话框中,找到要插入的 WMV 视频文件,单击"确定"按钮。也可以插入 AVI、MOV、ASF、RM、MPG 等格式的视频文件。

(4) 制作背景音乐。网页中常见的声音格式有 WAV、MP3、MIDI、AIF、RA(Real Audio)等。为网页嵌入音乐的方法是,在"设计"视图中,选中"插入"|"媒体"|"插件"菜单选项,在弹出的"选择文件"对话框中,找到要嵌入的音乐文件,单击"确定"按钮。

4. 插入表格

在网页中可以方便地插入文本、图像、多媒体等元素,但是不能很好地控制这些元素的位置,通过插入表格元素、设置表格元素属性以及控制表格元素可以实施网页内容的布局、组织整个网页的外观。

表格是网页布局设计中常用的工具,是由一个或多个单元格构成的集合。表格中横向的多个单元格称为行,垂直的多个单元格称为列,行与列的交叉区域称为单元格,网页中的元素通常被放置在这些单元格中,以便精确控制其显示位置。在表格中,各个单元格及其所包含的内容均可单独进行格式化。

一个表格的单元格中可以再插入一个表格,表格的嵌套层数没有严格的限制,但表格嵌套层数过多会影响网页浏览速度,建议表格的嵌套层数不要超过 3 层。

(1) 创建表格。在文档窗口的"设计"视图中,将插入点放在需要表格出现的位置,选中"插入"|"表格"菜单选项,弹出"表格"对话框,可以在"表格宽度"中输入"800",单位选择"像素"等,如图 7-7 所示。

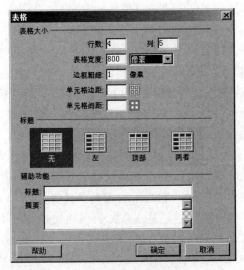

图 7-7　设置表格属性窗口

(2) 在单元格中添加内容。可以像在表格外部添加文本和图像那样在表格单元格中添加文本和图像。在表格中添加或者编辑内容时，使用 Tab 键或 4 个方向的箭头键在表格中定位可以节省时间。

当在表格的最后一个单元格中按 Tab 键时，会自动在表格下方添加一行。

(3) 表格属性设置。

① 设置表格居中对齐。选中表格，此时"属性"面板如图 7-8 所示，在"对齐"下拉列表框中选择表格的对齐方式。

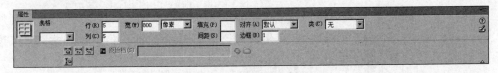

图 7-8　查看表格属性窗口

② 设置表格背景颜色。选中表格，选中"修改"|"编辑标签"菜单选项，弹出"标签编辑器-table"对话框，在"背景颜色"拾色器中选择某个颜色。

5．插入超链接元素

超链接是网页上最重要、最根本的元素之一，它是整个网站的基础，在网页之间起着桥梁作用，能够使多个独立的网页之间产生一定的相互联系，从而使单独的网页形成一个有机的整体。

一个网站是由多个页面组成的，页面之间依靠超链接确定相互的导航关系，即从一个网页指向一个目标的链接关系，这个目标可以是另一个网页，也可以是相同网页上不同的位置，还可以是一个图片、一个电子邮件地址、一个文件，甚至是一个应用程序。

(1) 超链接的类型。按照链接路径的不同，网页中的超链接可分为 3 种类型。

① 外部链接。外部链接是一种绝对地址 URL 的超链接，指 Internet 上资源的完整地址，就是网络上的一个站点、网页的完整路径，主要用于站点外的链接。

② 内部链接。内部链接是一种相对 URL 的超链接,指 Internet 上资源相对于当前页面的地址,它包含从当前页面指向目标页面的路径,主要用于站点内的链接。

③ 锚点链接。锚点链接又称书签链接,是一种在同一网页中的超链接,主要用于链接在同一页面中的不同位置的链接。

(2) 超链接的链接对象。按照网页中使用的对象不同,超链接可以分为文本超链接、图像超链接、E-mail 链接、锚点链接、多媒体文件链接和空链接等。

(3) 链接路径。链接路径有 3 种类型。

① 绝对路径。绝对路径是指链接文件的完整路径。

② 站点根目录相对路径。站点根目录相对路径是指从站点的根文件夹到文档的路径,站点根目录相对路径以"/"开始,它表示站点根文件夹。

③ 文档相对路径。文档相对路径是省略掉与当前文档路径中相同的部分,只输入不同的路径部分,以文件夹名开始或者以"../"开始,其中".."表示在文件夹层次结构中上移一级,"/"表示在文件夹层次结构中下移一级。文档相对路径是站点内最常使用的一种链接路径。

(4) 制作超链接。选中对象,选中"插入"菜单选项,按照需要选择"超级链接""电子邮件链接"或"命名锚点"可以完成超链接的制作。

7.3 网页制作技术

7.3.1 网页中框架的使用

1. 框架简介

用框架设计网页,就是将屏幕分为若干区域,每个区域称为一个框架,各框架分别加载一个页面,这些页面可以分别显示,互相控制。框架属性决定了框架名称、源文件、边框、滚动条、重新调整大小和边距等。

任何一个框架都可以显示任何文档,把几个框架组合到一起就成了框架集。

框架集是网页文件,它定义一组框架的布局和属性,包括框架的数目、框架的大小和位置以及最初显示在每个框架中的页面的 URL。框架集文件本身不包含那些要在浏览器中显示的 HTML 内容,但 noframes 部分除外;框架集文件只是向浏览器提供应该如何显示一组框架及在这些框架中应该显示哪些文档的有关信息。

在浏览器中输入框架集文件的 URL,可以在浏览器中打开要显示在这些框架中的相应文档。通常将一个站点的框架集文件命名为 index.html,以便当访问者未指定文件名时默认显示该名称。

2. 创建框架和框架集

在 Dreamweaver CS6 中,可以非常方便地通过可视化的方法创建框架和框架集。选中"查看"|"可视化助理"|"框架边框"菜单选项,如图 7-9 所示,文档窗口的边缘会显示出一个突起的边框,如图 7-10 所示。

用鼠标拖曳边框,就可以把窗口一分为二,4 条边框都可以拖曳。拖曳上下边框可以把窗口分为上下两个部分,拖曳左右边框可以把窗口分为左右两个部分,如果从窗口的角

第 7 章　Dreamweaver 的使用

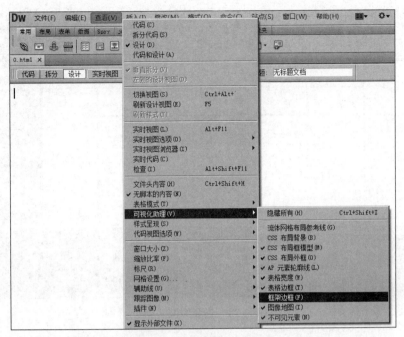

图 7-9　创建框架边框命令

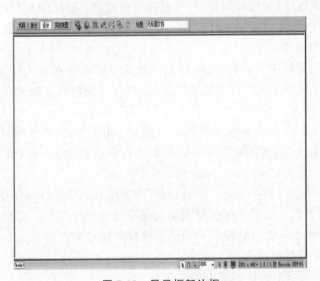

图 7-10　显示框架边框

上开始拖曳鼠标,窗口会变成 4 部分,拖曳鼠标可以移动刚刚生成的分割线。

当窗口被分割为几个框架后,每个框架都可以作为独立的网页进行编辑,也可以直接把某个已经存在的页面赋给一个框架。

框架允许嵌套。把一个子框架再次分割的方法是：选中"窗口"|"框架"菜单选项,打开"框架"面板,"框架"面板显示了页面划分框架的示意图。单击"框架"面板中的某个区域后,再到文档对应窗口中拖曳边框,就可以实现所需效果,如图 7-11 所示。

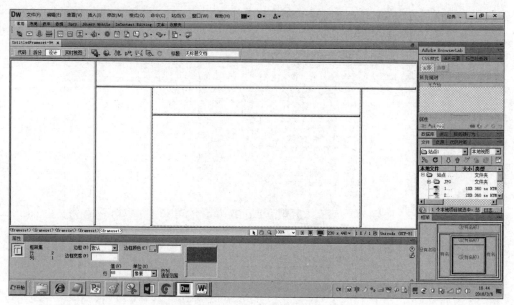

图 7-11 嵌套的框架集

3. 删除框架

当加入了一条边线后,发现加错了,可以通过鼠标把要删除的边框线拖曳到父框架的边框上,或者在"代码"视图窗口中修改 HTML 代码,把相关的语句删除。

4. 保存框架集文件

在浏览器中预览框架集前,必须保存框架集文件以及要在框架中显示的所有文档。可以单独保存每个框架集文件和带框架的文档,也可以同时保存框架集文件和框架中出现的所有文档。

在使用 Dreamweaver CS6 中的可视工具创建一组框架时,框架中显示的每个新文档将获得一个默认文件名。例如,第一个框架集文件被命名为 UntitledFramset-1,而框架中第一个文档被命名为 UntitledFrame-1。

在选中"保存"选项后,将出现一个对话框,准备用其默认文件名保存文档。因为默认文件名十分类似,所以可能很难准确确定正在保存的是哪个文档。要确定正在保存的文档属于哪个框架,可以从"文档"窗口中的框架选择轮廓看出来。

保存框架集文件操作步骤如下。

(1) 在"框架"面板中选择框架集。

(2) 要保存一组框架关联的所有文件,选中"文件"|"保存全部"菜单选项。

该命令将保存框架集中打开的所有文档,包括框架集文件和所有带框架的文档。如果该框架集文件未保存过,则在"设计"视图中框架集的周围将出现粗边框,并且出现一个对话框,可以从中选择文件名。然后,对于尚未保存的每个框架,在框架的周围都将显示粗边框,并且出现一个对话框,可以从中选择文件名。

如果选中"文件"|"在框架中打开"菜单选项,在框架中打开文档,则保存框架集时,在框架集中打开的文档将成为在该框架中显示的默认文档。如果不希望该文档成为默认文档,则不要保存框架集文件。

5. 编辑框架

在编辑框架前,需要选择操作对象。

(1) 选择框架集。单击框架的边框可以选中框架集,可以通过它的"属性"面板设定参数,例如"边框"(是否显示边框)、"边框宽度""边框颜色"。设定每个框架的尺寸的方法是,首先在面板右边的缩略图中选定一行或一列,然后在"值"文本框中输入数值,并选择单位,如像素或百分比等。

(2) 选中框架。如果在"框架"面板中选中任意一个框架,在"框架"面板中被选中的框架有黑色的边,这时就可以设置这个框架的属性了。在框架的"属性"面板中可以设定参数,如"源文件"(该框架的网页文件)、"滚动"(是否加入滚动条)、"不能调整大小"(是否允许在浏览时改变该框架的大小)、"边界宽度"(设定框架中内容与左右边框的距离)、"边界高度"(设定框架中内容与上下边框的距离)。

6. 选择边框中的内容

单击文档窗口中的任意一个框架,可以像前面编辑一般的页面一样,插入并编辑各种各样的文本、图片等网页元素。

7.3.2 CSS 样式表的应用

1. CSS 简介

样式是一组可以控制文本块、段落或整篇文档外观的格式属性。CSS(cascading style sheets,层叠样式表)是用于控制网页样式并允许将样式信息与网页内容分离的一种标记语言。CSS 通过样式名或 HTML 标签表示,可以有效地对页面布局、字体、颜色、背景等格式实现准确控制。相对于传统 HTML,用 CSS 进行网页布局页面更加简易。

CSS 可以将网页要展示的内容与样式设定分开,也就是将网页的外观设定信息从网页内容中独立出来,并集中管理。这样,要改变网页外观时,只需更改样式设定的部分,而 HTML 文件本身并不需要改变。

为了防止某些浏览器无法识别某些 CSS 样式,可以用注释<!--…-->将 CSS 样式括起来。

例如,制作多彩文字标题。要求使用<h1>创建一个多彩文字标题,然后使用 CSS 样式对标题进行修饰,可以从颜色、尺寸、字体、背景、边框等方面入手,实例完成后的效果如图 7-12 所示。

图 7-12　实例运行后的效果图

具体操作步骤如下。

(1) 打开一个空白文档,完成页面的基本框架,代码如下:

```
<html>
<head>
<title>多彩文字标题</title>
</head>
<body>
<h1>郑州大学<h1>
</body>
</html>
```

(2) 在<head></head>内加入 CSS 样式,对<h1>标签进行修饰,对颜色、字体和字号进行设置,并将图片平铺在文字下方,修改标题的宽度,保存并预览。代码如下:

```
<html>
<head>
<title>多彩文字标题</title>
<style>
h1{
  font-family:Arial,sans-serif;
  font-size:80px;
  color:red;
  background:url(zzu.jpg) repeat;
  width:1000;
  height:220;
  text-align:center;
  }
</style>
</head>
<body>
<h1>郑 州 大 学</h1>
</body>
</html>
```

(3) 使用 CSS 样式给每个字体设置不同的颜色。代码如下:

```
<html>
<head>
<title>多彩文字标题</title>
<style>
h1{
  font-family:Arial,sans-serif;
  font-size:80px;
  color:red;
```

```
        background:url(zzu.jpg)repeat;
        width:1000;
        height:220;
        text-align:center;
        }
.cl{color:#B3EE3A;}
.c2{color:#71C671;}
.c3{color:#00F5FF;}
.c4{color:#00EE00;}
</style>
</head>
<body>
<h1>
<span class=c1>郑</span>
<span class=c2>州</span>
<span class=c3>大</span>
<span class=c4>学</span>
</h1>
</body>
</html>
```

运行后的效果图如图 7-12 所示。

2. CSS 语法

CSS 样式的使用可以美化网页的作用，更重要的是可以将网页内容和网页样式分离，方便网站后期的管理和维护。

CSS 样式表位于 XHTML 代码中的 head 标签内。CSS 的定义由 3 部分构成：选择符(selector)、属性(propert is)和属性值(value)，格式如下。

```
Selector{
properties 1:value 1;         /*第 1 个属性名及属性值*/
properties2:value2;           /*第 2 个属性名及属性值*/
```

其中，/*…*/为注释符，其内可以书写代码说明。

(1) 常用选择符。选择符也称为选择器，HTML 中的所有标记都是通过不同的 CSS 选择器进行控制的。根据 CSS 选择符的用途可分为标签选择符、类选择符、ID 选择符等。

① 标签选择符。HTML 文档是由多个不同标记组成的，而 CSS 标签选择符就是声明这些标记的样式。例如 p 选择器，就是声明页面中所有段落<p>的样式风格。也可以同时设定多个标签，称为标签选择符组。

标签选择符组。把相同属性和值的标签组合起来书写，用逗号隔开。如：

```
p,table{font-size:10px;}
```

等同于

```
p{font-size:10px;}
table{font-size:10px;}
```

② 类选择符。类选择符可用于任意标签的自定义样式，标签名与自定义样式名用西文点分隔。格式如下：

```
.Selector{Properties:value}
```

例如：

```
.center{text-align:center}    /定义居中/
.rd{color:red}                /定义颜色/
```

表示该样式可以用于任何元素，如类.center{text-align：center}可以用于标签 h1 或标签 p。调用格式如下：

```
<h1 class="center">该标题居中</h1>
<p class="center">该段落居中</p>
```

其中，两个标签中间的文字"该标题居中"是附加 CSS 样式的文字，class="center"用于指明该文本使用的 CSS 样式名。

③ ID 选择符。ID 选择符是只对某特定元素定义的单独的样式，与类选择符相似。格式为：

```
#idvalue{Properties:value}
```

其中，idvalue 是选择符的名称，可以由 CSS 定义者自己命名。如果某标签具有 ID 属性，且该属性值为 idvalue，那么该标记的呈现样式由该 ID 选择器控制。在正常情况下，ID 属性值在文档中具有唯一性。

类选择符与 ID 选择符的区别如下。

每个 HTML 标签允许有多个类选择符（class），但是一般只允许拥有一个 ID 选择符。ID 选择符比类选择符有更高的优先级。

类选择符与 ID 选择符的优先级比较。效果如下代码所示。

④ 包含选择符。包含选择符定义具有包含关系的元素样式。若标签1内包含标签2，包含选择符只对标签1内的标签2有效，对单独的标签1或标签2无效。如：

```
Table.a{fontsize:16px}        /*只对表格内的链接起作用*/
```

样式表具有层叠性，也称为继承性，即内层标签的样式继承外层标签的样式。若使用不同的选择符定义相同的元素时，它们的优先级是 ID 选择符高于类选择符，类选择符高于标签选择符。

3. CSS 的使用方法

CSS 样式表能很好地控制页面显示,分离网页内容和样式代码。CSS 样式的使用方法常见的有 3 种:内联式、内嵌样式、外联式。

(1) 内联式。内联式又称行内样式,写在标签内的样式,只影响该标签内的元素。使用内联样式的方法是在相关的标签中使用样式属性,样式属性可以包含任何 CSS 属性。例如:

```
<p style="color:red">段落样式</p>
```

(2) 内嵌样式。内嵌式又称内部样式,设置的样式可以影响整个 HTML 页面。当单个文件需要特别样式时,就可以使用内部样式表,把样式写在<head>标签中。

(3) 外联式。外联式有两种方式:导入样式和链接样式。

① 导入样式。导入样式是指在内嵌样式表的<style>标记中,使用@import 导入一个外部样式表,例如:

```
<head>
<style>
<!--@import"1.css"-->
</style>
</head>
```

通过 CSS 面板右下角的"附加样式表"按钮,找到外部样式文件(例如 1.css)导入样式。

② 链接样式。链接样式是指在外部定义 CSS 样式表并形成以.CSS 为扩展名文件,然后在页面中通过<link>链接标记链接到页面中,而且该链接语句必须放在页面的<head>标记区内。例如:

```
<link rel="stylesheet" type="text/css" href="1.css">
```

其中,rel 指定链接到样式表,其值为 stylesheet;type 表示样式表类型为 CSS 样式表;href 指出 CSS 样式表所在的位置,此处表示当前路径下名称为 1.css 的样式表文件。

链接样式是把内嵌样式文件单独分离出来,很好地将页面内容和样式风格分离开来。由于链接样式在减少代码书写和减少维护工作方面都有非常突出的作用,所以链接样式是最常用的一种方法。链接样式也可以在一个页面中链接多个文件,其方法同"导入样式"方法一致。

导入样式与链接样式在使用上非常相似,都实现了页面与样式的文件分离。二者的区别在于导入样式在页面初始化时,把样式文件导入到页面中,这样就变成了内嵌样式,而链接样式仅是发现页面中有标签需要格式时才以链接的方式引入,比较看来还是链接样式最为合理。

当同一页面使用了多种 CSS 样式时,它们被引用的优先级别从高到低为内联式→嵌入式→外联式。

4. "CSS 样式"面板

在 Dreamweaver 中,"CSS 样式"面板是新建、编辑、管理 CSS 的主要工具,如图 7-13 所示。选中"窗口"|"CSS 样式"菜单选项,可以打开或者关闭"CSS 样式"面板。在没有定义 CSS 之前,"CSS 样式"面板是空白。如果在 Dreamweaver 中定义了 CSS,那么"CSS 样式"面板中会显示定义好的 CSS 规则。

5. 创建 CSS

单击"CSS 样式"面板上的"新建 CSS 规则"工具,在弹出的"新建 CSS 规则"对话框中进行设置,选择"类(可用于任何标签)",在"名称"栏中输入一个自定义样式名称(例如 .red),选择"(新建样式表文件)",单击"确定"按钮,如图 7-14 所示。

图 7-13 "CSS 样式"面板

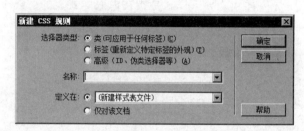

图 7-14 "新建 CSS 规则"对话框

在打开的"保存样式表文件为"对话框中,如图 7-15 所示,指定 CSS 文件名(例如 mycss)及其保存的位置,单击"保存"按钮。

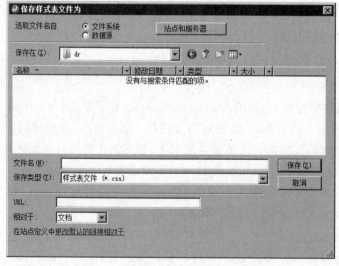

图 7-15 "保存样式表文件为"对话框

在打开的".red 的 CSS 规则定义"对话框中,如图 7-16 所示,设计者可以设置类型(主要对文本控制,如字体、字号、颜色、样式、行间距、粗细等)、背景(主要为对象添加背景图片或背景颜色等)、区块(设置文字块缩进、间距、对齐等)、方框(控制元素的大小、排布方式等)、边框(控制元素形状实线或双线、颜色、粗细等)、列表、定位(对块级元素的位置大小进行控制,主要是对层的配置)和扩展(位特定标签置顶特殊的鼠标形状)项的配置,单击"确定"按钮完成设置工作。

图 7-16　样式 CSS 的规则定义

6. 编辑样式

可以对创建好的样式进行编辑,以实现新的需求。

单击"属性"面板下方的"编辑样式"按钮,弹出"CSS 规则定义"对话框,根据需要重新进行样式设置。

7. CSS 样式的导出

在单个文档中设置的样式只在该文档中有效,要使单个文档中的样式应用到其他文档,则应将其中的样式导出为样式表文件,这样 Dreamweaver 就可以通过样式表文件链接到其他网页,使整个站点具有相同的样式设置。

具体地,可以通过图 7-14、图 7-16,建立多个"仅对该文档"的自定义 CSS 样式文件,逐个选中显示在图 7-13 中的自定义 CSS 样式文件,在弹出的快捷菜单中选中"导出"选项,在打开的"导出样式为 CSS 文件"对话框中,选中 mycss.css 文件,单击"保存"按钮。

打开文档页面窗口,可以在"属性"面板中的"样式"里面看到自定义的 CSS 样式。

7.3.3　DIV 层的应用

1. 认识层

层在 Dreamweaver 中用于页面的布局,是 CSS(层叠样式表)中的定位技术。层可以被定位在网页的任意位置,层中可以插入包含文本、图像等所有可以直接插入到网页的元素(除了框架),层可以嵌套。网页中的层拥有很多表格所不具备的特点,例如,层可以重叠,可以自定义各层之间的层次关系,可以灵活拖动,可以根据需要设置其可见性等。

在 Dreamweaver 中,层有两种:一种是一般的层,即 Div,用来在页面中定义一个区域,使用 CSS 样式控制 Div 元素的显示效果;另一种是绝对定位的层,即 AP Div,它是绝对定位的 Div 标签,可以直接使用鼠标移动,改变大小,在定义时会自动生成 position、width、heihe 等样式。

Div 与 AP Div 没有本质的区别,Div 与 AP Div 的不同在于,AP Div 在创建时默认创建了 ID 类型的 CSS 样式,而 Div 创建时不带样式。

2. 层标签

层的标签是<div>,是一个块级元素,它可以把文档分割为独立的、不同的部分,浏览器通常会在 Div 元素前后放置一个换行符。可以通过<div>的 class 或 ID 属性来应用样式。

3. 创建层

层的创建步骤,选中"插入"|"布局对象"|AP Div 菜单项或"插入"|"布局对象"|"Div 标签"菜单选项。将创建的层拖曳到合适的位置,光标定位在层中,输入相关文字,通过"属性"面板设置对齐方式;在选中层(单击层的边框)后,通过"属性"面板设置"左""宽""高""背景颜色""背景图像""Z 轴"等属性值。

4. 设置层的显示和隐藏效果

可以通过对输入的文本信息设置超链接,观察层的显示和隐藏。选中某文本信息,在"属性"面板的"链接"文本框中输入空链接♯,选中"窗口"|"行为"菜单选项,在"行为"面板中单击 + 按钮,在下拉列表框中选中"显示-隐藏元素"选项,弹出"显示-隐藏元素"对话框,依次选中要设置的层,单击"显示"或"隐藏"按钮,最后,单击"确定"按钮。

7.3.4 表单元素的应用

表单一般用于动态网页设计中,用于收集访问者信息或实现一些交互作用的网页,浏览者填写表单的方式有输入文本、选中单选按钮或复选框、从下拉菜单中选择选项等,填写完成后提交信息,就可以把来自客户的信息提交给服务器,可以说几乎所有的商业网站都离不开表单,表单是网站管理者与浏览者之间沟通的桥梁。

表单可以包含允许用户交互信息的各种对象。这些表单对象包括文本域、列表框、复选框和单选按钮。<form>标签包括一些参数,使用这些参数可以指定到处理表单数据的服务器端脚本或应用程序的路径,而且还可以指定在将数据从浏览器传输到服务器时要使用的 HTTP 方法。

当访问者将信息输入 Web 站点表单并单击"提交"按钮时,这些信息将被发送到服务器,服务器端脚本或应用程序在该处对这些信息进行处理。服务器通过将请求信息发送回用户,或基于该表单内容执行一些操作来进行响应。常用的表单元素有单行文本域、密码文本域、多行文本域、下拉列表域、单选按钮、复选按钮、隐藏域、提交按钮、重置按钮、普通按钮等。

表单是一种网页容器标签,可以插入普通网页标签,也可插入各种表单交互组件。表单标签为<form></form>,表单元素都放在表单标签之内。

在 Dreamweaver 中,表单输入类型称为表单对象。可以通过选中"插入"|"表单"|

"表单"菜单选项,插入表单对象,或通过"插入"面板来访问表单对象,如图 7-17 所示。

图 7-17 "插入"面板表单选项卡

将光标定位到表单中,可以插入一个表格,根据需要设置单元格样式,在单元格中输入文本信息、设计表单元素。

第 8 章

Python 简单应用

程序设计(programming)是利用计算机求解问题的一种方式,是为解决特定问题而用计算机语言编制相关软件的过程,是软件构造活动中的重要组成部分。程序设计往往以某种程序设计语言为工具,编写出这种语言下的程序。

本章以 Python 程序设计语言为程序设计工具,通过 Python 程序实例,使读者体会程序设计的基本思想和方法,掌握简单程序的编写。

8.1 Python 语言概述

Python 是由荷兰人吉多·范罗苏姆在 1989 年创建的一种用于分布式操作系统执行管理任务的高级脚本编程语言,也是一种功能强大的、面向对象的、解释型的计算机高级程序设计语言。目前 Python 已经成为最受欢迎的程序设计语言之一,主要用于大数据应用、图形图像处理、系统管理、面向对象程序设计及网络系统等程序的编写。该软件免费下载的网站是 https://www.python.org,以 Python3.x 系列为常用版本。

Python 语言具有如下优势。

(1) Python 语言简洁、紧凑,压缩了一切不必要的语言成分。

(2) 通过强制程序缩进,Python 语言使得程序具有很好的可读性,同时 Python 的缩进规则也有利于程序员养成良好的程序设计习惯。

(3) Python 是自由、开放的软件。使用者可以自由地发布这个软件的副本、阅读其源代码,可以对其进行改动,将其中一部分用于新的自由软件中。

(4) Python 是跨平台语言,可移植到多种操作系统,只要避免使用依赖于特定操作系统的特性,Python 程序不需修改就可以在各种平台上运行。

(5) Python 既支持面向过程的编程,也支持面向对象的编程。

(6) Python 除了标准库以外,还有许多第三方高质量的库,而且几乎都是开源的。

(7) Python 程序可以通过命令行和集成开发环境(IDLE)运行。

8.2 Python 的安装

1. 下载 Python

在浏览器地址栏输入"https://www.python.org/downloads/",进入 Python 官方网站的下载页面。

如果计算机安装的是 64 位操作系统,下载一个为 64 位安装包的可执行的安装文件 Windows x86-64 executable installer。

2. 安装 Python

Python 安装过程与其他 Windows 安装程序类似。

双击安装文件 Python-3.7.2rc1.exe,进入 Python 程序安装界面。在该界面中,选中图中的 Add Python 3.7 to PATH 复选项,此时会对相关的环境变量进行自动配置。如果不想为所有用户安装 Python,也可以取消选中 Install launcher for all user(recommended) 复选框。随后,单击 Customize installation 按钮自定义安装。在选项配置上,可以选中 pip 与 tcl/tk and IDLE 复选框,pip 工具可以方便模块安装;IDLE 则为默认的 Python 编辑器;其他选项部分,如果不需要可以不选中。这样可以节省安装时间,还可以设置 Python 的安装位置(例如,可以将路径设置在 D 盘 Python 下的文件夹中)。然后,单击 Install 按钮开始安装。

安装完成后,在 cmd 下运行语句:

```
python -version
```

当显示出 Python 对应的版本时,表示 python 安装成功。

3. Python 的运行环境

Python 3.x 安装包将在系统中安装一批与 Python 开发和运行相关的程序,其中最重要的两个是 Python 命令行和 Python 集成开发环境(Python's integrated development environment,IDLE)。相对于 Python 解释器命令行,集成开发环境 IDLE 提供图形开发用户界面,可以提高 Python 程序的编写效率。

(1) 运行 Python 文本编辑器 IDLE。

① 打开 IDLE。运行 Python 内置集成开发环境 IDLE。在"开始"菜单中选中 Python 3.x|IDLE(Python 3.x 64-bit)选项,打开 Python 内置集成开发环境 IDLE 窗口。

② 新建 Python 脚本。在 IDLE 界面选中 File|New File 菜单项,或按 Ctrl+N 组合键,新建一个程序文件,输入"print("ABC")",选中 File|Save As 菜单项或按 Ctrl+Shift+S 组合键,保存 Python 脚本,弹出保存文件对话框,输入保存的文件名 ABC,扩展名默认为.py。

③ 运行 Python 程序。选中 Run|Run Module 菜单项或按 F5 键,在 IDLE 运行 ABC.py 程序。

④ 关闭 IDLE。选中 File|Exit 菜单项,或按 Ctrl+Q 组合键,或输入命令 quit()或 exit(),或单击 IDLE 窗口的"关闭"按钮,退出 Python 编辑器。

运行 Python 程序有两种方式:交互式和文件式。交互式指 Python 解释器即时响应输入的每条代码,给出输出结果。文件式,也称为批量式,指将 Python 程序写在一个或多个文件中,然后启动 Python 解释器批量执行文件中的代码。

(2)命令行形式的 Python 解释器。Python 默认安装路径为本地应用程序文件夹下的 Python 目录(如 C:\Users\lang\AppData\Local\Programs\Python\Python3x),该目录下包括 Python 解释器 Python.exe,以及 Python 库目录和其他文件。可以使用命令行界面,也可以选择 Windows 的"开始"菜单中选中 Python 3.x|Python 3.x (64-bit)选项,打开 Python 解释器交互窗口。

Python 解释器的提示符为>>>,在提示符下输入语句,Python 解释器将解释执行,并输出结果。

还可以在 Windows 命令提示符(即 DOS 操作界面)下直接运行 Python.exe,启动命令行 Python 解释器,Windows 系统的环境变量 Path 包含 Python 安装路径,因此在运行 Python.exe 时,Windows 系统会自动寻找到 Python.exe 文件。

关闭 Python 解释器,在提示符>>>后输入 quit()或 exit(),还可以单击 Python 命令行窗口的"关闭"按钮,退出 Python 解释器。

(3)Python 的注释。Python 支持两种形式的注释。

① ♯注释。♯标记单行注释,注释可以从任意的位置开始,到本行末尾结束,也可以独立成行。对于多行注释,需要使用多个♯开头的多行注释。

② 三引号注释。以 3 个单引号(''')标记注释的开始,3 个单引号标记(''')注释的结束,可以占据一行,也可以跨越多行,颜色为绿色。

4. 安装/卸载 Python 的第三方库

(1)安装命令。安装 Python 第三方库的命令:

```
pip install Packagename
```

例如,在 cmd 下运行命令

```
pip install pillow
```

可以安装 Python 的第三方库 PIL,该库可以完成对图片的裁剪,加水印等图像处理相关的操作。

本书使用的第三库还有 jieba、pygame、numpy、Matplotlib 等。

(2)卸载命令。卸载 Python 第三方库的命令:

```
pip uninstall packagename
```

5. 使用 import 引用函数库的两种方式

(1)第一种引用方式:

```
import <库名>
```

此时,程序可以调用<库名>中的所有函数,调用格式如下:

```
<库名>.<函数名>(<函数参数>)
```

(2) 第二种引用方式:

```
from <库名> import <函数名> 或者 from <库名> import *
```

此时,程序可以直接调用<库名>中的函数或者所有函数,调用格式如下:

```
<函数名>(<函数参数>)
```

8.3 Python 应用举例

例 8.1 编写简单输出程序。

编写程序,输出"你好,郑州大学!"。

目的:熟悉打印输出语句,用于提示信息和计算结果的显示。

编程代码如下:

```
print('你好','郑州大学!')
```

运行结果如下:

```
你好 郑州大学!
```

Print()函数可以输出多个数据,数据之间用",'隔开,依次输出每个数据,遇到","会转换为一个空格。

例 8.2 编写算术表达式求值程序。

编写程序,输出两个整数的加、减、乘、除、整除后的结果。

目的:熟悉四则运算等常用的计算方法。

编程代码如下:

```
print("10+20=",10+20)
print("10-20=",10-20)
print("10*20=",10*20)
print("10/20=",10/20)
print("10//20=",10//20)
```

运行结果如下:

```
10+20=30
10-20=-10
10*20=200
10/20=0.5
10//20=0
```

算术运算符中,"*"是乘法运算符,"/"是除法运算符,"//"是整除运算符。当被除数和除数均为整数时,整除的结果为整数。例如 10//20 结果为 0,而不是 0.5。

例 8.3 编写温度转换程序。

编写一个将华氏温度转换为摄氏温度的程序。

目的:熟悉输入函数 input()和转换函数 eval()的基本用法,通过输入不同的数据,使程序具有通用性。

转换公式为"C=(F-32)/1.8",编写温度转换的编程代码如下:

```
F=eval(input("输入华氏温度:"))
C=(F-32)/1.8
print ("对应摄氏温度:%.2f"%C)
```

运行结果如下:

```
输入华氏温度:123
对应摄氏温度:50.56
```

例 8.4 绘制 Python 蟒蛇。

目的:了解 turtle 库的基本绘图功能,包括画布的设置、画笔的控制等。

turtle 名称含义为"海龟",设想有一只海龟,初始位置在显示器上窗体的正中心,由程序控制可以在画布上游走,其轨迹就形成了绘制的图形,可变换颜色、改变线宽等。

编程代码如下:

```
import turtle                      #引入 turtle 库
turtle.setup(650,350,300,200)      #设置画布长 650,高 350,画布的左上角距屏幕左边
                                   #300、上边 200
turtle.penup()                     #画笔抬起
turtle.fd(-250)                    #前进-250
turtle.pendown()                   #画笔落下
turtle.pensize(25)                 #画笔尺寸变为 25
turtle.pencolor("red")             #画笔颜色变为红色
turtle.seth(-40)                   #方向设置为绝对-40°(与水平线的夹角)
for i in range(4):                 #循环 4 次
    turtle.circle(40,80)           #以 40 为半径,80°画弧
    turtle.circle(-40,80)          #以反向 40 为半径,80°画弧
turtle.circle(40,80/2)
turtle.fd(40)                      #向前进 40
turtle.circle(16,180)
turtle.fd(40*2/3)
```

绘制蟒蛇效果图,如图 8-1 所示。

例 8.5 绘制太阳花,如图 8-2 所示。

目的:了解一般图形的编程思路,如图 8-3 所示,从起点开始,默认方向是正东 0°,第一次使画笔移动 200,以当前角度向左(逆时针)方向偏移 170°,并沿此方向使画笔第二次

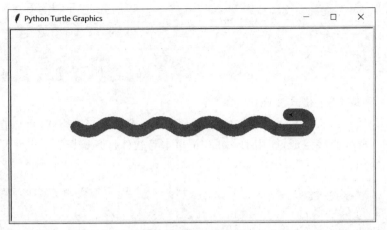

图 8-1 蟒蛇绘制效果图

移动 200,以此类推,循环 36 次回到原点并填充。

图 8-2 太阳花

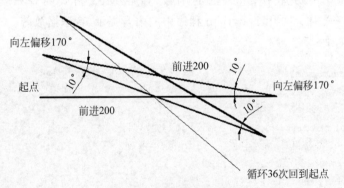

图 8-3 太阳花绘制原理

程序代码如下:

```
import turtle
turtle.color("red", "yellow")          #设置画笔和填充颜色
turtle.begin_fill()                    #开始
for i in range(36):                    #36次循环
```

```
    turtle.forward(200)                    #前进200
    turtle.left(170)                       #向左偏移170°
turtle.end_fill()                          #填充
turtle.mainloop()                          #启动事件循环
```

例 8.6 生成 CSV 格式文件。

目的：CSV 格式文件是 Excel 软件常用的一种文本数据交换格式，可以在没有 Excel 的环境下利用程序直接生成，能用 Excel 和记事本等软件打开编辑。

编程代码如下：

```
#写数据到 Tmp.csv 文件中
fo = open("Tmp.csv",  "w")                 #新建一个 Tmp.csv 文件
gs = [('姓名','年龄','基本工资','奖金'),('张三','32','3500','350')]
                                           #该数据列表可以追加
for i in gs:                               #遍历所有数据
    fo.write(",".join(i)+"\n")             #把数据写入文件
fo.close()                                 #关闭文件

#从 Tmp.csv 文件中读取数据
with open("Tmp.csv",  "r") as fi:          #以读取的方式打开 Tmp.csv 文件
    f_csv=fi.readlines()                   #读取所有数据
    for row in f_csv:                      #遍历所有数据
        print(row)                         #打印数据
```

例 8.7 音乐播放器。

目的：利用第三方库 pygame 内的函数，播放 MP3 格式的音乐文件，无须使用 Windows 的相关程序。可用于 Python 程序中的语音提示、音乐播放等。

编程代码如下：

```
import pygame,sys                          #调用两个第三方库
pygame.init()                              #初始化
pygame.mixer.init()
screen=pygame.display.set_mode([200,40])
#需要设置一个屏幕窗口,大小任意,否则无法结束播放
pygame.mixer.music.load('aa.mp3')
#该 mp3 文件需要和 py 程序在同一个文件夹内
pygame.mixer.music.play()                  #开始播放
running=True
while running:                             #循环播放
    for event in pygame.event.get():
        if event.type==pygame.QUIT:        #可以随时关闭播放窗口
            running=False
pygame.quit()                              #结束程序
```

例 8.8 数学方程图形显示。

目的：Matplotlib 是 Python 编程语言的可视化操作界面，其显示窗口、坐标轴、刻度及数据标签均可设定，常用于生成折线图、直方图、条形图和散点图等数据展示图形的处理。Numpy 是数值数学扩展包，具有高效的多维矩阵/数组、复杂的广播功能和大量的内置数学统计函数，多用于大维度数值计算。

编程代码如下：

```
import numpy as np                              #调用 numpy
import matplotlib.pyplot as plt                 #调用 matplotlib.pyplot
x = np.linspace(-1, 1, 50)                      #x 从-1 到 1,50 个点
y1 = 2 * x + 1                                  #显示 y1=2 * x+1 图形
y2 = x**2                                       #显示 y2=x2 图形

plt.figure()                                    #设置窗口界面,窗口标题 Figure 1
plt.plot(x, y1)                                 #绘制第一个图形

plt.figure()                                    #设置窗口界面,窗口标题 Figure 2
plt.plot(x, y2)                                 #绘制第二个图形

#设置窗体的标题、大小、线的颜色、宽度和类型
plt.figure(num ='两个', figsize = (5, 4))       #设置标题"两个"、宽和高(英寸)
#同时显示 y1=2 * x+1 和 y2=x2 的图形
plt.plot(x, y1)                                 #显示 y1
plt.plot(x, y2, color = 'red', linewidth = 1.0, linestyle = '--')
                                                #y2 的颜色、线宽和线型设置

plt.show()                                      #开始显示
```

运行结果如图 8-4 所示，依次显示 3 个窗口。

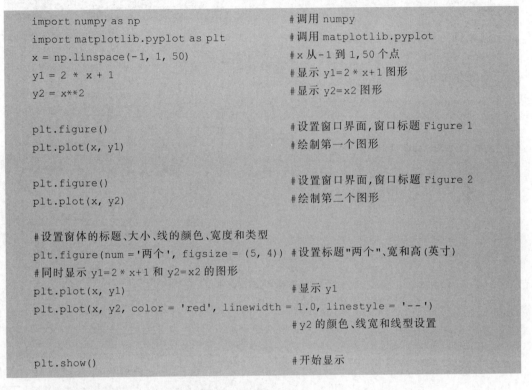

图 8-4　结果显示

例 8.9 图片显示。

目的：PIL 主要用于处理图像，包括图像展示、创建缩略图、转换图像格式、图像旋转、像素处理。通过编程，可以批量实现对图像的精确编辑。

编程代码如下:

```
from PIL import Image                      #调用 PIL
import matplotlib.pyplot as plt            #调用 matplotlib
img=Image.open('aa.jpg')                   #图片文件需要和程序在一个文件夹内
plt.figure("Disp")                         #设置标题
plt.imshow(img)                            #显示图片
plt.show()
```

例 8.10 彩色图像转灰度。

目的:无需图像处理软件,即可实现对彩色图像的灰度处理。

编程代码如下:

```
from PIL import Image                      #调用 PIL
import matplotlib.pyplot as plt            #调用 matplotlib
img=Image.open('aa.jpg')                   #任意彩色图片文件
img.show()                                 #显示图片 aa.jpg
gray=img.convert('L')                      #设置 8 位黑白像素
plt.figure("标题")                         #设置窗口的标题
plt.imshow(gray,cmap='gray')               #开始替换
plt.axis('off')                            #不显示坐标轴
plt.show()                                 #显示灰度处理图片
gray.save('ss.png')                        #保存灰度处理图片,命名为 ss.png
```

第 9 章

常用工具软件介绍

9.1 Partition Magic 分区魔术师

Partition Magic 是一个优秀的硬盘分区及多操作系统启动管理工具,是实现硬盘动态分区和无损分区的最佳选择。该工具可以在不损失硬盘中已有数据的前提下对硬盘进行重新分区、格式化分区、复制分区、移动分区、隐藏/重现分区、从任意分区引导系统、转换分区(例如 FAT、FAT32)结构属性等,并支持多操作系统多启动等。

Partition Magic 的界面十分简洁,除标准的 Windows 菜单栏、工具栏、状态栏外,窗口主要包括 3 个区域:左侧的任务导航面板、右侧的驱动器按钮和驱动器详细信息窗口。

计算机使用一段时间后,会发现当初建立的硬盘分区已经不能适应当前应用程序的要求了,例如,C 盘分区容量太小,而 E 盘又很空闲,可以利用 Partition Magic 的调整分区功能来实现。有关"调整已有分区容量"的操作过程如下。

(1) 在导航面板选中"选择一个任务……"|"调整一个分区的容量"选项,弹出"调整分区的容量"操作向导。

(2) 单击"下一步"按钮,调整分区容量,选择需要调整容量的分区,例如选择 E 盘。

(3) 单击"下一步"按钮,指定分区容量,Partition Magic 给出了当前分区的当前容量、最小容量和最大容量,在输入框内输入新的分区容量。

(4) 单击"下一步"按钮,选择要增加容量的分区,由于在上一步将 E 盘容量减少,空闲出了磁盘空间,因此需要选择将空闲的空间分配给需要的空间,对于不调整容量的磁盘,可以去掉其前面的复选框中的对号。

(5) 单击"下一步"按钮,确认分区调整后的容量,确认无误单击"完成"按钮。

(6) 回到 Partition Magic 主界面,可以看到分区容量调整后的结果。

(7) 单击"应用"按钮,弹出"应用更改"对话框,单击"是"按钮,进行重新分配过程。

(8) 重新分配过程结束后,弹出信息框,提示一个或多个磁盘要等重新启动计算机后才能使用。单击"确定"按钮,弹出"过程"对话框,提示所有操作已经完成。单击"确定"按钮,回到 Partition Magic 主界面。

(9) 退出 Partition Magic 时,会弹出警告信息框,提示需要重新启动计算机完成操作。

Windows 系统中,右击 PMagic.exe 文件,从弹出的快捷菜单中选中"属性"选项,弹出"属性"对话框,在"兼容性"选项卡中,选中"以 Windows XP(SP3)模式运行"兼容模式。

9.2 FinalData 数据恢复工具

FinalData 是一款威力非常强大的数据恢复工具,当文件被误删除(并从回收站中清除)、FAT 表或者磁盘根区被病毒侵蚀造成文件信息全部丢失、物理故障造成 FAT 表或者磁盘根区不可读,以及磁盘格式化造成的全部文件信息丢失之后,FinalData 都能够通过直接扫描目标磁盘抽取并恢复出文件信息(包括文件名、文件类型、原始位置、创建日期、删除日期、文件长度等),用户可以根据这些信息方便地查找和恢复自己需要的文件。甚至在数据文件已经被部分覆盖以后,专业版 FinalData 也可以将剩余部分文件恢复出来。与同类软件相比,它的恢复功能更胜一筹。

1. FinalData 的功能特点

FinalData 具有以下的功能:

(1) 支持 FAT16、FAT32 和 NTFS 文件存储格式。

(2) 恢复完全删除的数据和目录。

(3) 恢复主引导扇区和 FAT 表损坏丢失的数据。

(4) 恢复快速格式化的硬盘和软盘中的数据。

(5) 恢复病毒破坏的数据。

(6) 恢复硬盘损坏丢失的数据。

(7) 通过网络远程控制数据恢复。

(8) 恢复 CD-ROM 和移动设备中的数据。

(9) 与 Windows 操作系统兼容。

(10) 恢复 MPEG1 文件、MPEG2 文件、Office 文件、邮件以及 Oracle 输出文件等。

(11) 界面友好、操作简单,恢复效果好。

2. 扫描文件

FinalData 的基本功能就是扫描文件后恢复丢失的数据,使用 FinalData 扫描文件的方法如下。

(1) 启动 FinalData 主程序,选中"文件"|"打开"菜单选项,弹出"选择驱动器"对话框。

(2) 选择要恢复数据所在的驱动器并单击"确定"按钮,开始扫描所选驱动器。

(3) 扫描结束后,在弹出的"选择要搜索的簇范围"窗口中进行选择。

(4) 单击"确定"按钮,弹出"簇扫描"对话框,软件开始扫描硬盘。

3．恢复文件

（1）扫描完成后进入根目录窗口。

（2）选中"文件"|"查找"菜单选项，弹出"查找"对话框。

（3）选择查找的方式，例如按文件名查找就在"文件名"文本框中输入文件名，然后单击"查找"按钮开始查找。

（4）查找结束后，窗口显示出查找到的文件，右击要恢复的文件或者目录，从弹出的快捷菜单中选择"恢复"选项。

（5）在弹出的"选择要保存的文件夹"对话框中选择路径，即可保存已恢复的文件。

4．文件恢复向导

FinalData 软件提供了文件恢复向导功能，通过它用户可以方便地进行各种常用文件的恢复，例如 Office 文件修复、电子邮件以及高级数据恢复等。

FinalData 提供了 4 种常用的 Office 文件修复功能：Word 修复、Excel 修复、PowerPoint 修复和 Access 修复。下面以最常见的 Word 修复为例进行介绍。

（1）打开 FdWizad 命令启动 FinalData 向导。

（2）单击"Office 文件修复"按钮，打开选择要恢复的文件类型界面。

（3）选中 MS Word 选项，选择要修复的文件，单击"修复"按钮。

（4）弹出"浏览文件夹"对话框，选择保存路径，单击"确定"按钮即可。

5．电子邮件恢复

（1）进入 FinalData 向导的主界面，选中"恢复已删除 E-mail"选项。

（2）进入选择要修复的电子邮件类型界面，选择计算机上已使用的包含已删除电子邮件的电子邮件程序，例如 Outlook Express 5。

（3）选择要修复的电子邮件所在的目录，单击"扫描"按钮。

（4）开始扫描磁盘，扫描完成后，选择要修复的电子邮件，单击"下一步"按钮，然后单击"恢复"，即可完成操作。

用户还可根据自己的使用习惯在 FinalData 主界面上选中"文件"|"首选项"菜单选项，对 FinalData 进行设置。

9.3 系统备份工具 Symantec Ghost

Symantec Ghost 是备份系统常用的工具。它可以把一个磁盘上的全部内容复制到另外一个磁盘上，也可以把磁盘内容复制为一个磁盘的镜像文件，以后可以用镜像文件创建一个原始磁盘的备份。它可以最大限度地减少安装操作系统的时间，并且多台配置相似的计算机可以共用一个镜像文件。

1．一键备份 C 盘和一键恢复 C 盘

（1）从网站上搜索"一键 GHOST 硬盘版"并下载、安装，然后双击桌面上的"一键 GHOST"图标，弹出"一键备份系统"对话框。在该对话框中选中"一键备份系统"单选按钮，并单击"备份"按钮，如图 9-1 所示。

注意：在该对话框中，如果"一键恢复系统"单选按钮以灰色显示，则表示该操作系统还没有进行备份。如果用户备份了 C 盘，则"一键恢复系统"单选按钮以黑色显示，并且

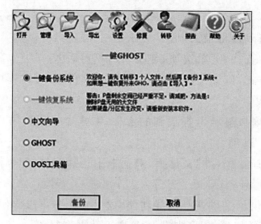

图 9-1 选中"一键备份系统"单选按钮

可以选择该按钮。

（2）计算机重新启动，并自动选择"一键 GHOST 硬盘版"启动选项。

（3）自动引导该软件所支持的文件，并弹出"一键备份系统"对话框，单击"备份"按钮或者按 B 键，系统开始备份。

2. 中文向导

在一键 GHOST 硬盘版中包含有"中文向导"备份方式，可以帮助用户进行可视操作。例如，选中"中文向导"单选按钮，单击"向导"按钮，计算机重新启动，并自动选择"一键 GHOST 硬盘版"启动选项，并自动引导该软件所支持的文件。最后，弹出"中文向导"列表对话框，有"备份向导""恢复向导""对拷向导""高格向导""硬盘侦测""指纹信息""删除映像"7 个选项，选中需要的选项。

3. 使用 GHOST

除了上述两种方法外，还可以通过 GHOST 进行手动备份操作系统。使用 GHOST 进行系统备份，有整个硬盘 Disk 和分区硬盘 Partition 两种方式。

（1）分区备份。通过 GHOST 进行分区备份是最常用的方法。用户无须进入操作系统，即可备份 C 盘系统文件。也可以通过"一键 GHOST"对话框进行操作，步骤如下。

① 在"一键 GHOST"对话框中选中 GHOST 单选按钮，单击 GHOST 按钮。

② 计算机重新启动，并自动选择"一键 GHOST 硬盘版"启动选项，并自动引导该软件所支持的文件。

③ 此时，将弹出 Symantec Ghost 对话框，单击 OK 按钮。然后选中 Local|Partition|To Image 菜单选项，如图 9-2 所示。

提示：在 Local(本地)菜单中包含 3 个子菜单。其含义如下：Disk 表示备份整个硬盘，即克隆硬盘；Partition 表示备份硬盘的单个分区；Check 表示检查硬盘或备份文件，查看是否可能因分区、硬盘被破坏等造成备份或还原失败。

④ 在弹出的对话框中选择该计算机中的硬盘，如图 9-3 所示。

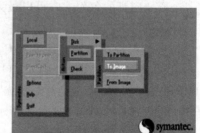

图 9-2 Partition 界面

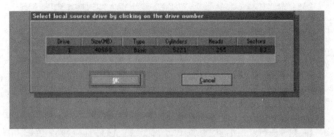

图 9-3 选择要备份的硬盘

⑤ 选择要备份的硬盘分区,例如,选择第一个分区(C 盘),可以按 Tab 键切换至 OK 按钮。此时,OK 按钮以白色显示,再按 Enter 键,如图 9-4 所示。

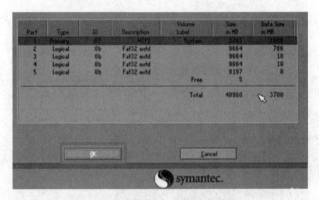

图 9-4 选择要备份的硬盘分区

⑥ 选择备份档案存放的路径并设置文件名。备份的镜像文件不能放在要备份的分区内,如图 9-5 所示。

图 9-5 设置路径和文件名

⑦ 按 Enter 键确定后,程序提示是否要压缩备份,有 3 种选择,如图 9-6 所示。
- No:备份时,基本不压缩资料(速度快,占用空间较大)。
- Fast:快速压缩,压缩比例较低(速度一般,建议使用)。
- High:最高比例压缩(可以压缩至最小,但备份和还原时间较长)。

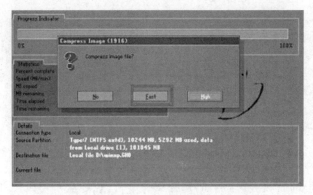

图 9-6　备份压缩选项

⑧ 选择一个压缩比例后,在弹出的对话框中单击 Yes 按钮进行备份,如图 9-7 所示。

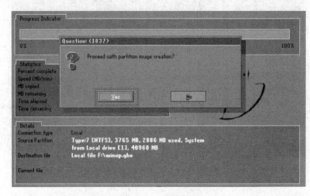

图 9-7　确认备份

⑨ 备份完成后,将弹出对话框,单击 Continue 按钮,如图 9-8 所示。备份的文件以 *.gho 为扩展名存储在指定的目录中。

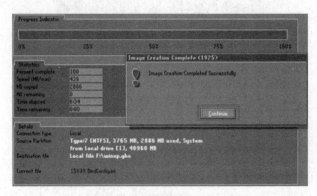

图 9-8　完成备份

⑩ 用户可以选择选中 Quit 菜单选项。在弹出的对话框中单击 Yes 按钮,重新启动计算机即可。

(2) 硬盘克隆与备份。硬盘的克隆是对整个硬盘的备份和还原。例如,在 GHOST 对话框中,选中 Local | Disk | To Disk 菜单命令。

在弹出的窗口中选择源硬盘(第一个硬盘),然后选择要复制到的目标硬盘(第二个硬盘)。在克隆过程中,用户可以设置目标硬盘各个分区的大小,GHOST 可以自动对目标硬盘按指定的分区数值进行分区和格式化。单击 Yes 按钮开始执行克隆操作。

(3)还原备份。如果硬盘中的分区数据遭到损坏,用一般数据修复方法不能修复,以及系统被破坏后不能启动,都可以用备份的数据进行完全的复原而无须重新安装程序或系统。也可以将备份还原到另一个硬盘上,操作方法如下。

注意:还原分区一定要小心,因为还原后原硬盘上的资料将被全部抹除,无法恢复,如果用错了镜像文件,计算机将可能无法正常启动。

① 还原操作与备份操作正好是相反操作。出现 Ghost 主菜单后,用光标方向键移动并选中 Local│Partition│From Image 菜单选项,如图 9-9 所示,然后按 Enter 键。

② 在打开的对话框中选择要还原的备份档案,如果有多个,一定不要选错文件。确认后单击 Open 按钮,如图 9-10 所示。

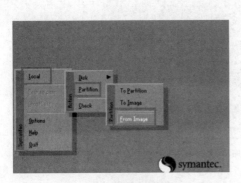

图 9-9　从文件还原分区

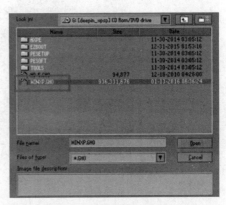

图 9-10　选择备份镜像文件

③ 选择被还原的目的分区所在的物理硬盘,然后选择要恢复的分区,就是目的分区。这步很关键,一定不要选错。一般是恢复第一个系统主分区即 C 分区,如图 9-11 所示。

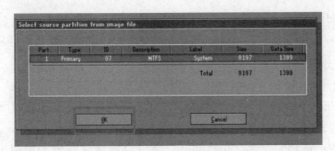

图 9-11　选择目的分区

④ 程序要求确认"是否要进行分区恢复,恢复后目的分区将被覆盖"。这步之后的操作将不可逆,一定要核对下方的操作信息提示。确认后单击 Yes 按钮,执行恢复操作,如图 9-12 所示。

⑤ 还原完毕后,出现还原完毕窗口,如图 9-13 所示,选中 Reset Computer,按 Enter 键后重新启动计算机,还原工作完成。

图 9-12 还原确认

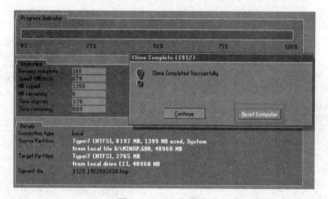

图 9-13 还原完毕

4. DOS 工具箱

DOS(disk operating system,磁盘操作系统)是一种面向磁盘的系统软件。除上述的磁盘还原及备份操作外,用户还可以通过该软件提供的 DOS 工具箱对磁盘进行其他的操作。

9.4 虚拟机

9.4.1 什么是虚拟机

虚拟机(virtual machine)指通过软件模拟的具有完整硬件系统功能的、运行在一个完全隔离环境中的完整计算机系统。目前流行的虚拟机软件有 VMware(VMWareACE)、Virtual Box 和 Virtual PC。通过它们都可以在一台物理计算机上模拟出一台或多台虚拟的计算机,每台虚拟计算机可以独立运行互不影响,也可以让它们连成一个网络,这些虚拟机完全就像真正的计算机那样进行工作。例如,可以安装各自的操作系统、安装应用程序、访问网络资源等。对于用户而言,虚拟机只是运行在真实物理计算机上的一个软件,但是对于在虚拟机中运行的应用程序而言,就像是在真正的计算机中进行工作。这些虚拟的多台计算机每台有各自的 CPU、内存、硬盘、光驱、软驱、网卡、声卡、键盘、鼠标、串口、并口和 USB 口等"硬件"设备,当然这些硬件都是虚拟的,实质上它们还是用计算机中相应的硬件。

9.4.2 虚拟机的用途

虚拟机在现实中的作用相当大,它可以做本机不能或者不好操作的事情。其基本作用可以多台连网、让用户学习、实验、测试等,具体举例说明如下。

(1) 可以同时运行多个系统。有了虚拟系统再也没必要为了运行某个软件而装多个系统,解决了某些软件运行系统局限性问题。对于想学想用其他操作系统的用户来说也很方便。

(2) 可以练习怎样安装系统。有了虚拟机不用害怕计算机整出问题来,例如丢失数据、开不了机等,可以大胆的尝试,错误的操作也不会造成任何损失,保证对用户的物理机没有破坏。

(3) 可以用虚拟机大胆的测试病毒。例如要研究病毒或木马程序,但又怕自己的主机操作系统被感染,就可以在虚拟机上实验。

(4) 可以进行一些网络实验。现有机器设备不够,可以同时开启多台虚拟机,让它们连成一个网络,多台虚拟机之间、虚拟机和物理机之间可通过虚拟网络共享文件,在它们之间复制文件。

(5) 可以同时多开游戏。一台计算机很多游戏不支持同时多开,但可以在计算机中多创建几台虚拟机,那么在虚拟机系统中即可单独再运行游戏实现一台计算机同时多开了。

9.4.3 虚拟机及操作系统的安装

(1) 双击 VMware Workstation 安装程序开始安装。
(2) 选择"典型"安装。
(3) 确定安装目录,开始安装虚拟机,安装过程中需要要输入序列号。
(4) 回到桌面双击虚拟机图标,启动虚拟机,开始配置虚拟机。
(5) 单击中间区域的"创建新的虚拟机",按步骤设置虚拟机。
(6) 选择"典型"配置。
(7) 选择"稍后安装操作系统"。
(8) 选择安装 Windows 7。
(9) 选择虚拟机的安装目录。建议查看自己的分区空间,选择空间大的分区,重新定义安装目录。
(10) 根据自己的情况确定磁盘大小。建议分配给虚拟机合适的空间。如果还要在虚拟机安装其他大的软件,就把空间设置的大些。只安装 Windows 7,20GB 空间建议分两个区,两个 10GB 的分区即可。
(11) 右击左侧区域的 Windows 7,从弹出的快捷菜单中选中"设置"选项。此时,这里的虚拟机就相当于一台计算机,需要配置这台计算机的设置。
(12) 内存设置。这里给虚拟机设置的是 1GB 的内存,也可以调高或调低,但最大不能超过计算机的配置,如果过大,计算机会死机,如果过小,虚拟机会运行过慢。

(13) 硬盘设置。虚拟机默认的是 SCSI 硬盘,在安装过程中会找不到硬盘,选择"移除",重新添加硬盘为 IDE 硬盘。

(14) 移除之后,单击"添加",单击"下一步"按钮。

(15) 选择 IDE 格式的硬盘,单击"下一步"按钮。

(16) 默认的选择"创建新虚拟磁盘",单击"下一步"按钮。

(17) 重新分配硬盘的空间。

(18) 完成之后,选中硬盘,单击右侧的"高级"按钮,选择虚拟设备结点为 IDE 1:0,单击"确定"按钮退出,完成硬盘设置。

(19) 设置光驱:和硬盘一样,虚拟机默认的 CD/DVD 是 SATA 光驱,需移除重新设置为 IDE 光驱。此时已完成虚拟机的基本设置,开始给虚拟机分区。

(20) 选择使用合适的硬盘分区工具给虚拟机的硬盘分区。在虚拟机界面单击,进入虚拟机界面,此时鼠标是无法移出虚拟机界面的。按 Ctrl+Alt 组合键就可以释放鼠标到本机操作界面。

(21) 分区结束之后重启虚拟机。

(22) 给虚拟机设置光驱启动。启动虚拟机,当出现启动界面的时候,将鼠标在虚拟机界面单击,同时按 F2 键,进入 BIOS 设置,启动界面比较快,速度要快,才能进入 BISO 设置界面。

(23) 此时只能用方向键操作。选中 BOOT 菜单。

(24) 选中 CD-ROM Drive。

(25) 按加号(+)键向上移动,让 CD-ROM Drive 成为第一启动选项。

(26) 按 F10 键保存设置后退出 BISO 设置,虚拟机会自动重启。

(27) 把 Windows 7 的安装光盘放入光驱,开始安装 Windows 7。

(28) 安装结束,重启计算机。

9.5 Photoshop 基本操作

1. 制作 1 寸照片

步骤 1,进入 Photoshop,选中"文件"|"打开"菜单选项,打开要调整大小的图片,如图 9-14 所示。

步骤 2,选中"图像"|"图像大小"菜单选项,如图 9-15 所示。在弹出的"图像大小"对话框中取消"限制长宽比"的功能,设置宽度为 71 像素,高度为 99 像素,分辨率为 72 像素/英寸。单击"确定"按钮,退出对话框。

步骤 3,选中"文件"|"存储为"菜单选项,选中要保存的位置,为要保存的图片命名,选择存储格式为 JPEG。

2. 建立规则选区

Photoshop 选区是封闭的区域。选区一旦建立,大部分的操作就只针对选区范围内有效。如果要针对全图操作,必须先取消选区。

建立规则选区的工具如图 9-15 所示,建立不同形状的选区,用鼠标选择图中不同的图标即可。

图 9-14 制作 1 寸照片

图 9-15 1 寸照片设置

提示：建立圆形选区时，选择椭圆工具的同时按住 Shift 键。同样，在建立正方形选区时，选择方形工具的同时也要按住 Shift 键。

选区的运算。选区运算指通过多个选区相加、相减、取交集来形成新的选区，如图 9-16 和图 9-17 所示。

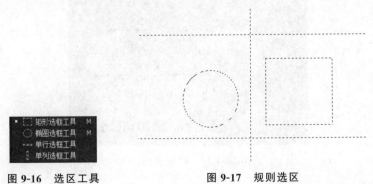

图 9-16 选区工具　　　　　图 9-17 规则选区

对选区进行运算需要配合 Alt 和 Shift 键的使用。加选区使用要同时按住 Alt 键，如

图 9-18 的效果。减选区需要同时按住 Shift 键,如图 9-19 所示的效果。规则选区一般应用于平面图形设计。

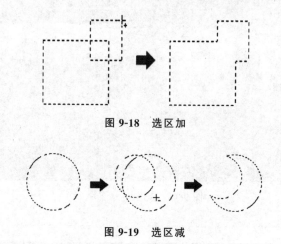

图 9-18 选区加

图 9-19 选区减

3. 建立不规则选区

在对图像进行处理时,不规则选区的建立是很常见的。建立不规则选区的工具有套索工具、多边形套索工具、磁性套索工具、快速选择工具、魔棒工具,如图 9-20 和图 9-21 所示。这些工具在使用上各有特点,一般使用比较多的是魔棒工具。下面以魔棒工具为例建立不规则选区。

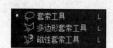 

图 9-20 不规则工具 1　　　　图 9-21 不规则工具 2

步骤 1,选中"文件"|"打开"菜单选项,需要编辑图片,把图片中的云朵选出一部分,如图 9-22 所示。

图 9-22 编辑图片

步骤 2,选中魔棒工具,图标变成了魔棒工具的图标。

步骤 3,按住鼠标左键拖动就选择相应选区,这时选取图片上的区域就会出现闪烁的虚线(俗称蚂蚁线),构成不规则选区,如图 9-23 所示。

图 9-23　魔棒选区

4. 抠图

(1) 魔棒工具抠图。

步骤 1,打开需要抠图的图片。

步骤 2,选中魔棒工具,单击画面中的背景任意白色区域,选区(滚动的蚂蚁线)就产生了,如图 9-24 所示。

步骤 3,按 Delete 键(删除背景),再按 Ctrl+D 组合键(取消选区),图片就抠好了,如图 9-25 所示。

图 9-24　原图

图 9-25　效果图

魔棒抠图时,需要注意容差值的设置。容差值的大小决定抠图的精确程度。图 9-26 和图 9-27 是容差值分别为 1 和 20 的条件下对选区的精确程度的影响。

图 9-26　容差 1

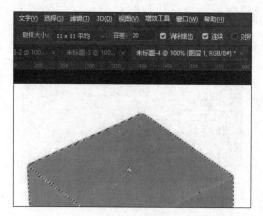

图 9-27　容差 20

（2）钢笔工具抠图。

步骤 1，选择钢笔工具，用钢笔工具在图片的边缘单击。选第二点的时候，选择在转折的曲线上，不能一点就松手，而是单击拖动一点点，如图 9-28 所示。

步骤 2，单击第 3 个点，选择在转折的地方单击，同样是单击拖动，这时候无论怎么转动这个点，曲线与图片都没有重合，如图 9-29 所示。

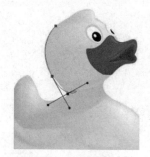　　　　

图 9-28　钢笔工具　　　　　　　　图 9-29　第三点效果

步骤 3，按住 Ctrl 键，单击合适的小圆点。例如在这里就是单击上一步产生的小圆点进行调整。调节的时候可以通过拉伸和收缩线的长度，使得曲线与图片之间重合，如图 9-30 所示。

步骤 4，重复上述动作。注意单击之后会产生两种点，一个方形的一个圆形的，对圆形的控制，按住 Ctrl 键，单击拖动鼠标进行调节，按住 Alt 键，单击拖动鼠标对方形点进行控制，如图 9-31 所示。闭合曲线之后的效果如图 9-32 所示。

图 9-30　曲线与图片重合　　　　　　图 9-31　控制点

步骤5,建立选区,设置羽化值为1,按Ctrl+J组合键将选取复制到新图层,如图9-33所示。

图 9-32　闭合曲线

图 9-33　效果图

5. 制作老照片

将如图9-34所示的照片制作成如图9-35所示的老照片效果。

图 9-34　原图

图 9-35　效果图

步骤1,单击"图层"面板底部的创建新的填充或调整图层图标,添加"色调/饱和度调整"图层,如图9-36所示。调整它的饱和度和明度,如图9-37所示。

图 9-36　色相饱和度

图 9-37　饱和度值

步骤2,单击图层面板底部的创建新的填充或调整图层图标,添加曝光度调整图层。调整它曝光度为-0.88,灰度系统校正0.9,如图9-38所示。

步骤3,打开一张发黄纹理图片,如图9-39所示。将该贴图复制并粘贴到所有其他图层之上,将图层的混合模式设置为叠加,如图9-40所示。

图 9-38　曝光度

图 9-39　纹理照片

步骤4,新建图层,用白色填充图层,选中"滤镜"|"杂色"|"添加杂色"菜单选项,弹出"添加杂色"对话框,设置杂色数量160,如图9-41所示。单击"确定"按钮,然后将图层的混合模式设置为颜色减淡,将不透明度设置为12%。

图 9-40　添加纹理照片

图 9-41　添加杂色

步骤5,打开黑色肮脏图片,如图9-42所示。放在所有图层上面,把图层的混合模式改成滤色,不透明度72%,如图9-43所示。

图 9-42　黑色照片

图 9-43　添加纹理

步骤6,单击图层面板底部的创建新的填充或调整图层图标,添加曝光度调整图层,如图9-44和图9-45所示。

图 9-44　曝光度

图 9-45　设置位移

以上老照片的制作是制作老照片的方法之一,步骤及参数仅供参考。

第 10 章

SPSS 统计分析软件

SPSS(statistical product and service solutions,统计产品与服务解决方案),由美国斯坦福大学的 3 位研究生于 20 世纪 60 年代末研制,是世界上最早、最经典的统计分析软件,也是应用最广泛的专业统计软件,具有统计方法先进成熟、操作简便、与其他软件交互性好等特点,被广泛应用于保险、通信、制造、银行、科研教育等多个领域。

10.1 SPSS 软件概述

10.1.1 数据文件的打开和保存

1. 数据文件的打开

选中"文件"|"打开"|"数据"菜单选项,或单击工具栏上的 按钮,打开如图 10-1 所示的"打开数据"对话框。

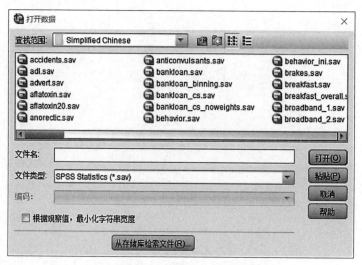

图 10-1 "打开数据"对话框

双击需要打开的文件或单击"打开"按钮即可打开数据文件,SPSS 系统支持同时打开多个数据文件。如果需要打开其他数据文件,可以在"文件类型"列表中选择相应的文件类型。

2. 数据文件的保存

选中"文件"|"保存"菜单选项,或选中"文件"|"另存为"菜单选项,或在工具栏中单击按钮都可实现数据文件的保存操作。

若是新建的数据文件进行保存时,弹出如图 10-2 所示的"将数据保存为"对话框。

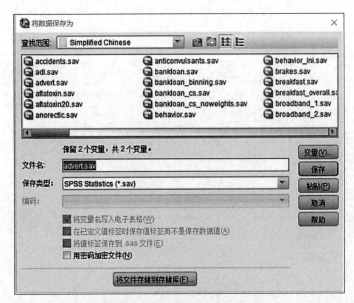

图 10-2 "将数据保存为"对话框

用户可以保存所有的变量,单击"变量"按钮,在弹出的"数据保存为:变量"对话框中选中要保存的变量,如图 10-3 所示。

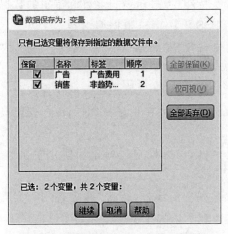

图 10-3 "数据保存为:变量"对话框

数据文件除可以保存为 SPSS 数据文件外,还可以保存为其他的数据格式,用户可以在"数据保存为：变量"对话框的保存类型下拉列表框中选中数据文件的保存类型。

10.1.2 SPSS 的界面和窗口

SPSS 的基本界面包括"数据编辑器"窗口（主窗口）、"查看"窗口、对象编辑窗口、"语法编辑器"窗口和脚本编写窗口。

1. "数据编辑器"窗口（主窗口）

在启动选项中选择"输入数据"或"打开现有数据"，进入 SPSS 的第一个窗口就是"数据编辑器"窗口，如图 10-4 所示。

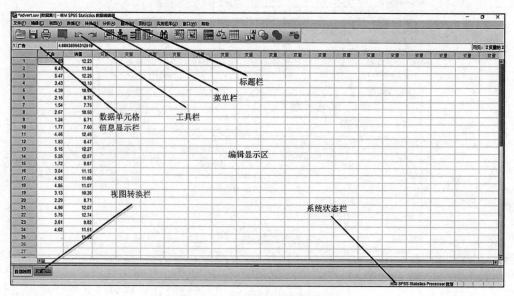

图 10-4 SPSS 的数据编辑窗口

数据编辑窗口最上方是标题栏，显示窗口名称和编辑的数据文件名，没有文件名时显示为"未标题[数据集 0]-SPSS Statistics 数据编辑器"。

在窗口显示的第二行是菜单栏，包括"文件""编辑""视图""数据""转换""分析""直销""图形""实用程序""窗口""帮助"菜单。

菜单栏下方是常用工具按钮，将一些常用工具的快捷按钮置于此栏，方便用户使用。

在编辑显示区的上方是数据单元格信息显示栏，该栏左边显示单元格和变量名，右边显示单元格的内容。

窗口的中部是编辑显示区，该区最左边列显示单元序列号，最上边一行显示变量名称，默认为"变量"。

在编辑显示区的下方是视图转换栏，打开"数据视图"，在编辑显示区中显示编辑数据；打开"变量视图"，在编辑显示区中显示编辑数据变量信息。

2. "查看器"窗口

"查看器"窗口用于输出 SPSS 统计分析的结果或绘制的相关图表，如图 10-5 所示。

"查看器"窗口左边是导航窗口，显示输出结果的目录，单击目录左边的加、减号可以

第 10 章　SPSS统计分析软件

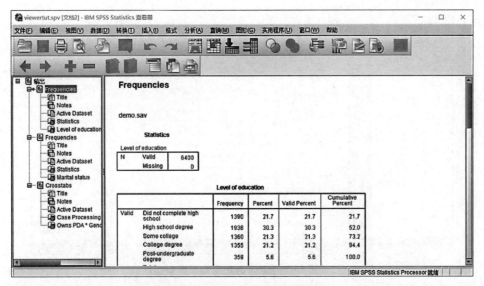

图 10-5　SPSS 的结果输出窗口

显示或隐藏相关的内容；右面是显示窗口，显示所选内容的细节。

3. 对象编辑窗口

在"查看器"窗口的显示窗口中右击，从弹出的快捷菜单中选中"编辑内容"|"在单独窗口中"选项，或者直接双击其中的表格或图形均可打开该输出结果对应的对象编辑窗口，如图 10-6 所示。

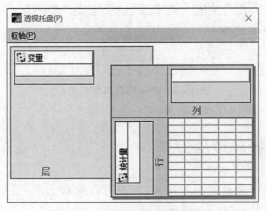

图 10-6　SPSS 的语法编辑器窗口

4. "语法编辑器"窗口

选中"文件"|"新建"|"语法"菜单选项，或选中"文件"|"打开"|"语法"菜单选项，可打开"语法编辑器"窗口，如图 10-7 所示。

5. 脚本编写窗口

选中"文件"|"新建"|"脚本"菜单选项，或选中"文件"|"打开"|"脚本"菜单选项，可打开脚本编写窗口，如图 10-8 所示。

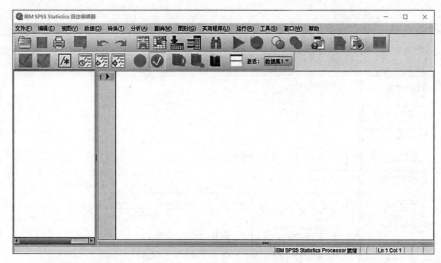

图 10-7　SPSS 的对象编辑窗口

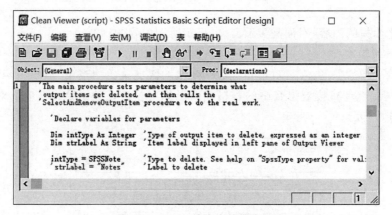

图 10-8　SPSS 的脚本编辑窗口

10.1.3　SPSS 运行环境的设置

SPSS 允许用户自定义设置运行环境，用户可以对状态栏、系统字体、菜单及网格线等进行相应的设置，打造自己的个性化界面。

1. SPSS 状态栏和网格线的显示与隐藏

用户可以在 SPSS 的界面中自行选择是否显示状态栏和网格线，操作方法如下：选中"视图"|"状态栏"或"网格线"选项，取消选中将"状态栏"或"网格线"选项，SPSS 会自动隐藏状态栏或网格线，再次选中"状态栏"或"网格线"选项，可显示状态栏或网格线，如图 10-9 所示。

2. SPSS 菜单的增加与删除

SPSS 允许用户建立个性化的菜单栏，根据自己的需要删除现有菜单或增加新的菜单，具体的操作方法如下。

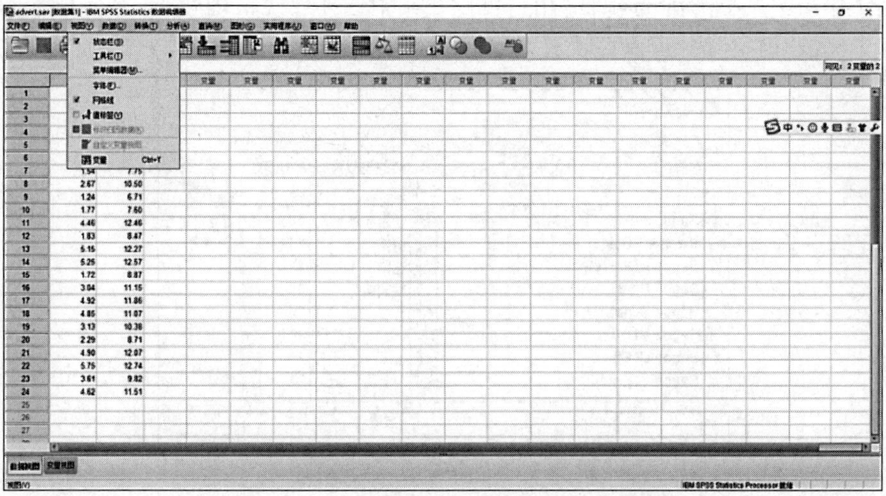

图 10-9　SPSS 状态栏和网格线的显示与隐藏

选中"视图"|"菜单编辑器"菜单选项,打开如图 10-10 所示的菜单编辑器对话框。在"应用到"下拉列表中选中要编辑菜单的窗口,包含"数据编辑器""浏览器"和"语法"3 个选项,分别用于设置"数据编辑器"窗口、"查看"窗口和"语法编辑器"窗口的菜单栏;"菜单"列表框显示各个窗口中菜单栏中现有的菜单,当选中菜单项目时,"插入菜单"按钮被激活,单击此按钮可以插入新的菜单;"文件类型"选项组包括 Script、"语法"和"应用程序"3 个单选按钮,用于为新项选择文件类型,用户选择完文件类型后,单击"文件名"输入框后的"浏览"按钮,以选择要附加到菜单项的文件。此外,用户还可以在菜单项之间添加全新的菜单和分隔符。

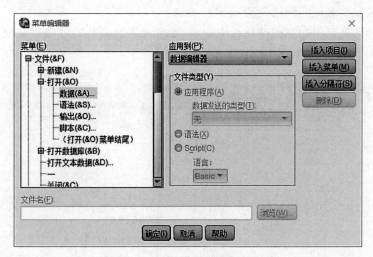

图 10-10　SPSS 菜单的增加与删除

3. SPSS 中的字体设置
用户可以更改 SPSS 界面中的字体,具体操作方法如下。
选中"视图"|"字体"菜单选项,弹出如图 10-11 所示的"字体"对话框。其中包含"字

体""字体样式""大小"3个选项框,用户可以在其中选择要定义的字形、字体样式和字号,设置完毕单击"确定"按钮,保存设置。

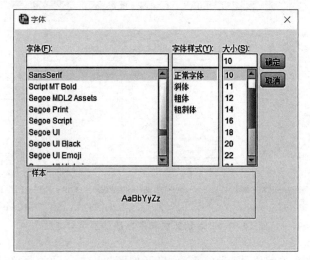

图 10-11　"字体"对话框

10.1.4　SPSS 数据文件的基本操作

1. 输入和编辑数据

(1) 变量的定义和数据输入。对不同的对象取值发生变化的量称为变量。SPSS 中的变量包括数值型变量、字符型变量和日期型变量。变量名用于区分不同变量,变量标签用于对变量名和变量值的辅助说明。

在数据编辑窗口中的视图转化栏中选中"变量视图"选项卡,变量的定义就在数据编辑器的变量视图中进行,如图 10-12 所示。

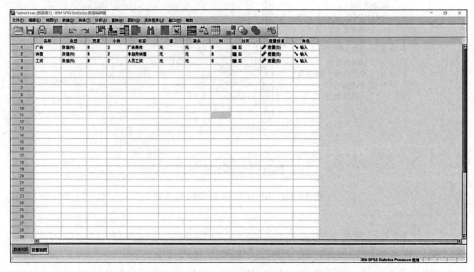

图 10-12　数据编辑器的变量视图

(2) 变量名的定义。选中某个变量"名称"单元格,直接输入变量名,输入完成后单击其他单元格或按 Enter 键,完成设置。如果用户预先没有设置变量名而直接在数据视图中输入数据,那么变量名称将使用系统的默认名称 VAR00001、VAR00002 等,用户可以双击变量名称进入变量视图修改变量名称。

(3) 变量类型的定义。选中某个变量的"类型"单元格,弹出如图 10-13 所示的"变量类型"对话框。

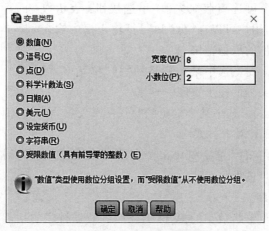

图 10-13 "变量类型"对话框

(4) 宽度的定义。选中某个变量的"宽度"单元格,直接输入相应数值便可定义变量宽度,系统默认的变量宽度为 8,变量宽度的设置对日期型变量无效。

(5) 小数位数的定义。选中某个变量"小数"单元格,直接输入相应数值可定义变量的小数位数,用户也可以调整变量的小数位数,系统默认的小数位数为 2。

(6) 变量标签的定义。选中某个变量"标签"单元格,直接输入相应的内容便可定义变量的变量标签。

(7) 变量值标签的定义。选中某个变量的"标签"单元格,弹出如图 10-14 所示的"值标签"对话框。在"值"输入框中用于输入要定义标签的变量值,在"标签"输入框中输入定义的值标签内容,输入完成后单击"添加"按钮,使设置好的值标签进入下方的列表。此外,用户还可以单击"更改"和"删除"按钮修改或删除设置好的值标签。

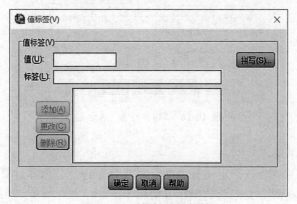

图 10-14 "值标签"对话框

(8) 缺失值的定义：选中某个变量的"缺失"单元格，弹出"缺失值"对话框，如图 10-15 所示。

① "没有缺失值"单选按钮：表示无缺失值，为系统默认方式。

② "离散缺失值"单选按钮：表示数据中存在离散缺失值，用户可以在其下面的输入框中输入不超过 3 个的缺失值。

③ "范围加上一个可选离散缺失值"单选按钮：表示数据中存在连续缺失值，用户可以在"低"和"高"输入框中输入相应的值以确定缺失值的取值范围。

图 10-15 "缺失值"对话框

(9) 设置列显示宽度。选中某个变量的"列"单元格，可以调节或输入数值定义列的显示宽度。

(10) 设置对齐方式。选中某个变量的"对齐"单元格，在其右侧出现的下拉列表中选中"左""右"和"居中"3 种对齐方式。

(11) 变量度量尺度的设置。选中某个变量的"度量方式"单元格，在其右侧的下拉列表中选中相应的度量尺度即可。

2. 数据文件的排序

杂乱的数据不利于分析效率的提升，需要用到数据排序的功能。数据排序的具体操作步骤如下。

在菜单栏中选中"数据"|"排序个案"菜单项，打开"排序个案"对话框；在列表中选择排序依据变量，将选中的变量加入"排序依据："列表中，系统允许选择多个变量，在第一个变量取值相同的情况下比较第二个变量，依次类推；在"排列顺序"选项组中选择"升序"或"降序"排列；单击"确定"按钮，即可完成排序操作，如图 10-16 所示。

图 10-16 "排序个案"对话框

3. 数据的分类汇总

数据的分类汇总就是按指定的分类变量对观测量进行分组并计算各分组中某些变量的描述统计量。数据的分类汇总的操作方法如下。

(1) 选中"数据"|"分类汇总"菜单选项,弹出"汇总数据"对话框,如图 10-17 所示。

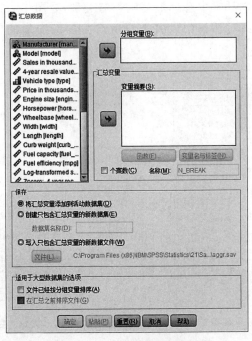

图 10-17 "汇总数据"对话框

(2) 分类变量与汇总变量的选择。将分类变量选入"分组变量"列表中,选择要进行汇总的变量,将其选入"变量摘要"列表中,本例中将 manufact 变量选入"分组变量"列表,将 sales 和 price 变量选入"变量摘要"列表,如图 10-18 所示。

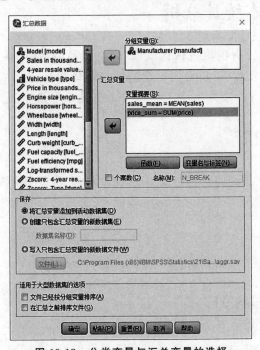

图 10-18 分类变量与汇总变量的选择

(3) 设置汇总变量。在"变量摘要"列表中选中汇总变量,单击"函数"按钮,在弹出的"汇总数据:汇总函数"对话框中选择汇总函数的类型,如图 10-19 所示;在弹出的"汇总数据:变量名称和标签"对话框中设置汇总后产生的新变量的变量名与变量标签,如图 10-20 所示。

图 10-19 "汇总数据:汇总函数"对话框

图 10-20 "汇总数据:变量名称和标签"对话框

如果希望在新变量中显示每个类别的观测数量的个数,可以选中"个案数"复选框在其后的"名称"输入框中输入相应变量的名称。本例中输出平均价格和销售总额变量的均值,分别命名为"平均价格"和"销售总额"。

10.2 SPSS 基本统计分析

SPSS 的基本统计分析模块包括描述性分析、频数分析、列连表分析等。通过调用 SPSS 的一些基本分析过程,可以得到数据的基本统计指标,对于定量数据,可以得到均值和标准差等指标;对于分类数据,可以得到频数和比率等指标,还可以进行卡方检验等。

10.2.1 描述性分析

描述性分析主要对数据进行基础性描述,例如均值、方差、标准差等,同时描述性分析过程还将原始数据转换为 Z 分值并作为变量储存,通过描述性统计量,可以了解变量变化的综合特征。

1. 均值

均值分析可以分为算数平均数、调和平均数和几何平均数 3 种。

算数平均数是集中趋势中最常用、最重要的测度。算数平均数有简单算数平均数和加权算数平均数两种,算数平均数的基本公式如下:

$$算数平均数 = 总体标志总量 / 总体单位总量$$

简单算数平均数是将总体各单位每一个标志值相加得到标志总量而求出的平均指

标,计算方法如式(10-1)所示。

$$\overline{X} = \frac{X_1 + X_2 + \cdots + X_n}{n} = \frac{\sum X}{n} \tag{10-1}$$

算数平均数的计算采用加权算数的形式。首先采用各组的标志值乘以相应的各组单位数求出各组标志总量,并加总求得总体标志总量,而后再将总体标志总量和总体单位总量对比。计算方法如式(10-2)所示。

$$\overline{X} = \frac{f_1 X_1 + f_2 X_2 + \cdots + f_n X_n}{f_1 + f_2 + \cdots + f_n} \tag{10-2}$$

其中,f 表示各组的单位数,或者说是频数和权数。

2. 方差和标准差

方差是总体各单位变量值与其算数平均数的离差平方的算数平均数,用 σ^2 表示,方差的平方根就是标准差 σ。与方差不同,标准差具有量纲,与变量值的计量单位相同。方差和标准差有两种计算形式:简单平均式和加权平均式。简单平均式,如式(10-3)所示。

$$\sigma^2 = \frac{\sum (X - \overline{X})^2}{n}; \quad \sigma = \sqrt{\frac{(X - \overline{X})^2}{n}} \tag{10-3}$$

采用加权平均式,如式(10-4)所示。

$$\sigma^2 = \frac{\sum f(X - \overline{X})^2}{\sum f}; \quad \sigma = \sqrt{\frac{f(X - \overline{X})^2}{\sum f}} \tag{10-4}$$

3. 偏度

偏度是对分布倾斜方向及程度的测度。测量偏斜的程度需要计算偏态系数。常用三阶中心矩除以标准差的三次方,表示数据分布的相对偏斜程度,用 α_3 表示,计算如式(10-5)所示。

$$\alpha_3 = \frac{\sum f(X - \overline{X})^3}{\sigma^3 \sum f} \tag{10-5}$$

其中,α_3 为正,表示分布为右偏;α_3 为负,表示分布为左偏。

4. 峰度

峰度是频数分布曲线与正态分布相比较,顶端的尖峭程度。统计上常用四阶中心矩测定峰度,计算如式(10-6)所示。

$$\alpha_4 = \frac{\sum f(X - \overline{X})^4}{\sigma^4 \sum f} \tag{10-6}$$

当 $\alpha_4 < 3$ 时,分布曲线为平峰分布;
当 $\alpha_4 = 3$ 时,分布曲线为正态分布;
当 $\alpha_4 > 3$ 时,分布曲线为尖峰分布。

5. Z 标准化得分

Z 标准化得分是某一数据与平均数的距离以标准差为单位的测量值,计算如式(10-7)所示。

$$Z_i = \frac{X_i - \overline{X}}{\sigma} \tag{10-7}$$

其中，Z_i 即为 X_i 的 Z 标准化得分。Z 标准化数据越大，说明它离平均数越远。

10.2.2 描述性分析参数设置

打开相应的数据文件或者建立一个数据文件后，可以在"数据编辑器"窗口中进行描述性统计分析。

在"数据编辑器"窗口中，选中"分析"|"描述统计"|"描述"菜单选项。打开如图 10-21 所示的"描述性"对话框。

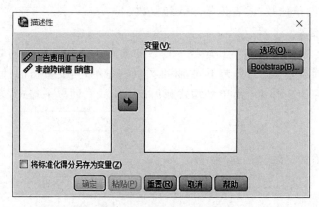

图 10-21 "描述性"对话框

（1）选择变量。从源变量列表中首先单击需要描述的变量，然后将需要描述的变量选入"变量"列表中，如图 10-22 所示。

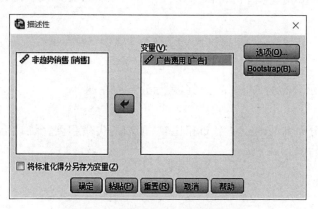

图 10-22 "描述性"对话框变量选择

（2）进行相应的设置。单击"选项"按钮，弹出如图 10-23 所示的"描述：选项"对话框。"描述：选项"对话框主要用于指定需要输出和计算的基本统计量和结果输出的显示顺序。

① "均值"和"合计"复选框。"均值"复选框表示输出变量的算术平均数；"合计"复选框输出各个变量的合计数。

② "离散"选项组。该组用于输出离中趋势统计量，"标准差""方差""最小值""最大

值""范围""均值的标准误",选中这些复选框输出变量的标准差、方差、最小值、最大值、范围、均值的标准误。

③ "分布"选项组。该组用于输出表示分布的统计量。"峰度"复选框,选中该复选框表示输出变量的峰度统计量;"偏度"复选框表示输出变量的偏度统计量。

④ "显示顺序"选项组。该组用于设置变量的排列顺序。"变量列表"单选按钮表示按变量列表中变量的顺序进行排序;"字母顺序"单选按钮表示按变量的首字母顺序排序;"按均值的升序"单选按钮表示按列表中变量的均值的升序排序;"按均值的降序排序"单选按钮表示按列表中变量的均值的降序排序。

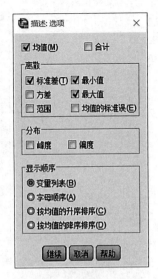

图 10-23 "描述:选项"对话框

10.2.3 频数分析

频数也称频率,是一个变量在不同取值的个案数。频数分析是描述性统计中最常用的方法之一,频数分析可以对数据的分布趋势进行初步分析,SPSS 的频数分析过程可以方便地产生详细的频数分布表,可以对数据特征与数据的分布有一个直观的认识。频数分析的参数设置步骤如下。

(1) 选中"分析"|"描述统计"|"频率"菜单选项,弹出"频率"对话框,如图 10-24 所示。

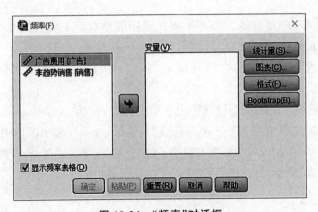

图 10-24 "频率"对话框

(2) 选择变量。从左侧的"源变量"列表框中选择一个或多个变量到"变量"列表中,作为频数分析的变量。

(3) 单击"统计量"按钮,打开"频率:统计量"对话框,如图 10-25 所示。

① "百分位值"栏。用于设置输出的百分位数,包括 3 个复选框。

- "四分位数"复选框。用于输出四分位数。
- "割点"复选框。用于输出等间隔的百分位数,其后的输入框中可以输入 2~200 的整数。
- "百分位数"复选框。用于输出用户自定义的百分位数。

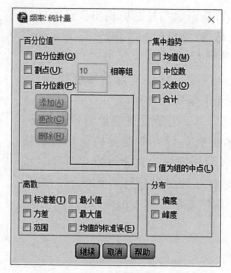

图 10-25 "频率：统计量"对话框

② "集中趋势"选项组。该组用于设置输出表示数据集中趋势的统计量，主要包括"均值""中位数""众数""合计"4 个复选框，用于输出均值、中位数、众数和样本数。

③ "离散"选项组。该组用于设置输出数据离中趋势的统计量，包括"标准差""方差""范围""最小值""最大值"和"均值的标准误"。

④ "分布"选项组。该组用于设置输出表示数据分布的统计量，包括"偏度"和"峰度"两个复选框。

⑤ "值为组的中点"复选框。当原始数据采用的是取组中值数据时（例如所有收入在 1000～2000 元的人的收入都记为 1500 元），选中该复选框。

(4) 单击"图表"按钮，打开如图 10-26 的"频率：图表"对话框。主要包括"图表类型"和"图表值"两个选项组。

① "图表类型"栏。该栏用于设置输出的图表类型，包括"无""条形图""饼图""直方图"4 个单选按钮，选中"在直方图上显示正态曲线"复选框，表示在输出图形中包含正态曲线。

② "图表值"栏。该栏仅对条形图和饼图有效，包括"频率"和"百分比"两个单选按钮。

(5) 单击"格式"按钮，弹出"频率：格式"对话框，如图 10-27 所示。

图 10-26 "频率：图表"对话框

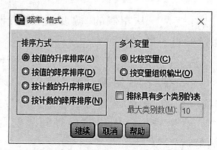

图 10-27 "频率：格式"对话框

① "排序方式"栏。该栏用于设置输出表格内容的排序方式,包括"按值的升序排序""按值的降序排序""按计数的升序排序"和"按计数的降序排序"4个单选按钮,分别表示按变量值和频数的升序和降序排列。

② "多个变量"栏。该栏用于设置变量的输出方式,包括两个单选按钮。

- "比较变量"单选按钮。该按钮用于所有变量在一个表格中输出。
- "按变量组织输出"单选按钮。该按钮用于每个变量单独列表输出。

③ "排除具有多个类别的表"复选框。选中此复选框,可以在下面的输入框中输入最大能显示的分组数量,当频数表的分组数量大于此临界值时不输出。

10.3 相关和方差分析

相关分析不考虑变量之间的因果关系而只研究分析变量之间的相关方向以及相关程度,包括简单相关分析、偏相关分析、距离分析等。方差分析研究分类型自变量对数值型因变量的影响,通过计算这些总体方差的估计值的适当比值,检验各样本所属总体均值是否相等,判断分类型自变量对数值型因变量的显著性影响情况,常用的方差分析方法包括单因素方差分析、多因素方差分析、多变量方差分析和协方差分析。

10.3.1 相关分析简介

现象之间的相关关系按照不同的标志有不同的分类。

(1) 按照相关的程度划分。现象之间的相关关系按照相关的程度,可以划分为完全相关、不相关和不完全相关3种。

(2) 按照相关的方向划分,现象之间的相关关系按照相关的方向,可以划分为正相关和负相关。当一个现象的数量由小变大,另一个现象的数量也相应由小变大时,这种相关就称为正相关;反之,则称为负相关。

(3) 按照相关的形式划分。现象之间的相关关系按照相关的形式,可以划分为线性相关和非线性相关。当两种相关关系大致呈现线性关系时,称为线性相关;两种相关现象之间近似表现为一条曲线,则称为非线性相关。

(4) 按照影响因素的多少划分。现象之间的相关关系按照影响因素的多少,可以划分为单相关、复相关和偏相关。单相关是两个变量间的关系,即一个因变量对一个自变量的相关关系,又称简相关;复相关是指3个或3个以上变量之间的关系;偏相关是指某一变量与多个变量相关时,假定其他变量不变,其中两个变量的相关关系。

对不同类型的变量,相关系数的计算公式也不同。在相关分析中,常用的相关系数主要有Pearson简单相关系数、Spearman等级相关系数和Kendall秩相关系数和偏相关系数。Pearson简单相关系数适用于等间隔测度,而Spearman等级相关系数和Kendall秩相关系数都是非参测度,一般用ρ和γ分别表示总体相关系数和样本相关系数。

1. Pearson简单相关系数

若随机变量X,Y的联合分布式二维正态分布,x_i和y_i分别为n次独立观测值,则计算ρ和γ的公式分别定义为式(10-8)和式(10-9)。

$$\rho = \frac{E[X-E(X)][Y-E(Y)]}{\sqrt{D(X)}\sqrt{D(Y)}} \qquad (10\text{-}8)$$

$$\gamma = \frac{\sum_{i=1}^{n}(x_i-\bar{x})(y_i-\bar{y})}{\sqrt{\sum_{i=1}^{n}(x_i-\bar{x})^2}\sqrt{\sum_{i=1}^{n}(y_i-\bar{y})^2}} \qquad (10\text{-}9)$$

其中,$\bar{x}=\frac{1}{n}\sum_{i=1}^{n}x_i$,$\bar{y}=\frac{1}{n}\sum_{i=1}^{n}y_i$。可以证明,样本相关系数 γ 为总体相关系数 ρ 的最大似然估计量。简单相关系数 γ 的性质:

① $-1\leqslant\gamma\leqslant 1$,$\gamma$ 绝对值越大,表明两个变量之间的相关程度越强。

② $0\leqslant\gamma\leqslant 1$,表明两个变量之间存在正相关。若 $\gamma=1$,则表明变量间存在着完全正相关的关系。

③ $-1\leqslant\gamma\leqslant 0$,表明两个变量之间存在负相关。若 $\gamma=-1$,则表明变量间存在完全负相关的关系。

④ $\gamma=-1$,表明两个变量之间无线性相关。

2. Spearman 等级相关系数

等级相关用来考查两个变量中至少有一个为定序变量时的相关系数,计算如式(10-10)所示。

$$\gamma = 1 - \frac{6\sum_{i=1}^{n}d_i^2}{n(n^2-1)} \qquad (10\text{-}10)$$

式中,d_i 表示 y_i 的秩和 x_i 的秩之差,n 为样本容量。

3. Kendall 秩相关系数

Kendall 秩相关系数利用变量秩计算一致对数目 U 和非一致对数目 V,采用非参数检验的方法度量定序变量之间的线性相关关系,如式(10-11)所示。

$$\tau = (U-V)\frac{2}{n(n-1)} \qquad (10\text{-}11)$$

10.3.2 双变量相关分析

双变量相关分析是最简单也是最常用的一种相关分析方法,其基本功能是可以研究变量间的线性相关程度并用适当的统计指标表示出来。

打开相应的数据文件或者建立一个数据文件后,在"数据编辑器"窗口就可以进行相关分析。

(1) 选中"分析"|"相关"|"双变量"菜单选项,弹出"双变量"对话框,如图 10-28 所示。

(2) 选择变量。从源变量列表中选择需要相关分析的变量,将选中的变量加入"变量"列表中。

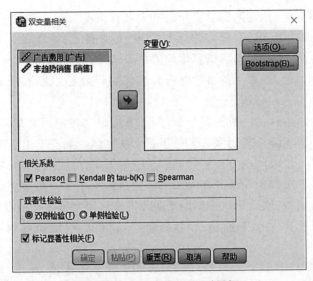

图 10-28 "双变量相关"对话框

(3) 进行相应的设置。

① "相关系数"选项组。该选项组提供 3 种相关系数复选框,分别为 Pearson 复选框、Kendall 的 tau-b(K)复选框和 Spearman 复选框,分别可以计算 Pearson 简单相关系数、Kendall 秩相关系数和 Spearman 等级相关系数。

② "显著性检验"选项组。包括两个单选按钮:双侧检验和单侧检验。如果了解变量间是正相关或者负相关,应选中"双侧检验"单选按钮,否则选中"单侧检验"单选按钮。

③ "标记显著性相关"复选框。如果选中此复选框,则在输出结果中标出有显著意义的相关系数。

④ "选项"按钮。单击右方的"选项"按钮,打开如图 10-29 所示的"双变量相关性:选项"对话框。

- "统计量"选项组。该选项组用于选择输出的统计量。"均值和标准差"复选框表示计算均值和标准差,为每个变量显示其均值和标准差,并且显示具有非缺失值的个案数。"叉积偏差和协方差"表示计算变量叉积偏差和协方差,即为每队变量显示叉积偏差和协方差,偏差的叉积等于校正均值变量的乘积之和。

图 10-29 "双变量相关性:选项"对话框

- "缺失值"选项组。该选项组用于选择处理默认值的方法。"按对排除个案"单选按钮表示在计算某个统计量时,在这一对变量中排除有默认值的观测,为默认选项;"按列表排除个案"单选按钮表示对于任何分析,排除所有含默认值的观测个案。

10.3.3 单因素方差分析

方差分析研究分类型自变量对数值型因变量的影响,通常的方法是将 K 个处理的观察值作为一个整体看待,把观测值总变异的平方和自由度分解为相应于不同变异来源的平方和自由度,进而获得不同变异来源总体方差的估计值;通过计算这些总体方差的估计值的适当比值,就能检验各样本所属总体均值是否相等,来判断分类型自变量对数值型因变量的显著性影响情况,最常用的方差分析方法包括单因素方差分析、多因素方差分析、多变量方差分析和协方差分析。

单因素方差分析也称为一维方差分析,用于分析单个控制因素取不同水平时因变量的均值是否存在显著差异。单因素方差分析基于各观测量来自于相互独立的正态样本和控制变量不同水平分组之间的方差相等的假设。单因素方差分析将所有的方差划分为可以由该因素解释的系统性偏差部分和无法由该因素解释的随机性偏差,如果系统性偏差显著地超过随机性偏差,则认为该控制因素取不同水平时变量的均值存在显著差异。

打开相应的数据文件或者建立一个数据文件后,可以在"数据编辑器"窗口中进行单因素方差分析。

(1) 选中"分析"|"比较均值"|"单因素 ANOVA"菜单选项,弹出"单因素方差分析"对话框,如图 10-30 所示。

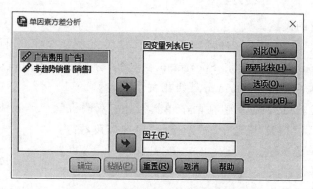

图 10-30 "单因素方差分析"对话框

(2) 选择变量。从源变量列表中选出需要进行方差分析的因变量放入"因变量列表"中;从源变量列表中选择因子变量放入"因子"列表中。其中,"因变量列表"列表框中的变量为要进行方差分析的目标变量,又称为因变量,且因变量一般为度量变量,类型为数值型;"因子"列表框中的变量为因子变量,主要用来分组。自变量为分类变量。其取值可以为数字,也可以为字符串。因子变量值应为整数,并且为有限个类别。

(3) 设置选项。
① "对比"按钮。单击"对比"按钮,弹出如图 10-31 所示的"单因素 ANOVA: 对比"对话框。
② "多项式"复选框。该复选框主要用于对组间平方和划分成趋势成分,或者指定先验对比,按因子顺序进行趋势分析。一旦用户选中"多项式"复选框,则"度"下拉列表就会被激活,然后就可以对趋势分析指定多项式的形式,如"线性"

图 10-31 "单因素 ANOVA:对比"对话框

"二次项""立方""四次项""五次项"。

③"系数"输入框。该输入框主要用于对组间平均数进行比较设定,及指定的用 t 统计量检验的先验对比。

(4)"两两比较"按钮。单击"两两比较"按钮,弹出"单因素 ANOVA:两两比较"对话框,如图 10-32 所示。

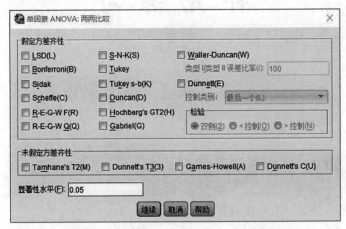

图 10-32 "单因素 ANOVA:两两比较"对话框

(5)"假定方差齐性"选项组。该选项组主要用于在假定方差齐性下两两范围检验和成对多重比较,主要含有 14 种检验方法,常用的有 Bonferrroni、Tukey 和 Scheffe 方法。

附录 A

补 充 练 习

A.1 计算机基本知识

1. 世界上公认的第一台电子计算机诞生于( )。
   A. 1945 年 B. 1946 年
   C. 1947 年 D. 1952 年
2. 世界上第一台电子计算机的名称是( )。
   A. ENIAC B. IBM-PC
   C. EDSAC D. 冯·诺依曼机
3. 第一代电子计算机使用的逻辑部件是( )。
   A. 电子管
   B. 晶体管
   C. 集成电路
   D. 大规模或超大规模集成电路
4. 微型计算机的发展是以( )的发展为特征的。
   A. 主机 B. 软件
   C. 微处理器 D. 控制器
5. 目前的计算机仍采用"存储程序"原理,该原理是由( )提出的。
   A. 美籍匈牙利人冯·诺依曼
   B. 美国人普雷斯伯·埃克特
   C. 美国宾夕法尼亚大学的约翰·莫克利
   D. 英国剑桥大学的莫利斯·威尔克思
6. 计算机的"存储程序"工作原理,即计算机利用( )存放所要执行的程序,而称为 CPU 的部件依次取出所存程序中的每一条指令加以分析和执行,直至完成全部指令任务。
   A. 光碟 B. 磁盘
   C. 内存储器 D. 外存储器

7. 计算机的"存储程序"工作原理决定了人们使用计算机的主要方式是( )。
    A. 编写并运行程序　　　　　　　B. 编写程序
    C. 运行程序　　　　　　　　　　D. 执行指令
8. 计算机能够自动工作,主要是因为采用了( )。
    A. 二进制数制　　　　　　　　　B. 高速电子元件
    C. 存储程序控制　　　　　　　　D. 程序设计语言
9. 现代计算机统称为( )。
    A. 程序存储式计算机　　　　　　B. 人工智能计算机
    C. 第五代计算机　　　　　　　　D. 非冯·诺依曼计算机
10. 在计算机内部,用来传递、存储、加工处理的数据或指令都是以( )形式进行的。
    A. 十六进制数　　　　　　　　　B. 拼音码
    C. 二进制数　　　　　　　　　　D. ASCII 码
11. 指令是对计算机进行程序控制的( )。
    A. 最小单位　　　　　　　　　　B. 机器语言程序
    C. 软件和硬件的界面　　　　　　D. 基本功能具体而集中的体现
12. 精简指令系统,简称( )。其特点是通过简化指令使计算机的结构更加简单合理,从而提高运算速度,并最终达到整体上的性能优化。
    A. CISC　　　　　　　　　　　　B. RISC
    C. FISC　　　　　　　　　　　　D. VLSI
13. 计算机的指令一般是由( )组成的。
    A. 操作码和地址码　　　　　　　B. 逻辑指令和译码指令
    C. 数据码和信息码　　　　　　　D. 计算指令和控制指令
14. 完整的计算机系统包括( )。
    A. 主机和实用程序　　　　　　　B. 主机和外部设备
    C. 硬件系统和软件系统　　　　　D. 运算器、存储器和控制器
15. 计算机硬件系统一般包括( )和外部设备。
    A. 主机　　　　　　　　　　　　B. 运算器
    C. 存储器　　　　　　　　　　　D. 中央处理器
16. 下列可选项中,都是硬件的是( )。
    A. CPU、RAM 和 DOS　　　　　　B. 软盘、硬盘和光盘
    C. 鼠标、WPS 和 ROM　　　　　 D. ROM、RAM 和 Pascal
17. ( )是整个计算机的神经中枢,控制整个计算机各个部件协调一致地工作。
    A. 主机　　　　　　　　　　　　B. 控制器
    C. 微处理器　　　　　　　　　　D. I/O 接口电路
18. 一般地,CPU 的主频以( )为单位。
    A. b/s　　　　　　　　　　　　 B. MHz
    C. DPI　　　　　　　　　　　　 D. pixel
19. 美国的 Intel 公司于 1971 能成功地在一个芯片上实现了中央处理器的功能,制成

了世界上第一片 4 位微处理器（MPU），也称（　　），并由它组成了第一台微型计算机 MCS-4，由此揭开了微型计算机大普及的序幕。

  A. Intel 4004   B. Intel 4040

  C. Intel 8080   D. Intel 8086

20. 美国 IBM 公司采用 Intel MPU 芯片，于 1982 年推出的机型是（　　）。

  A. IBM PC   B. IBM 兼容机

  C. Apple 机   D. NC 机

21. 在第一代微型计算机中，典型的微型计算机是以 Intel 公司的 4 位微处理器 4004 和 4040 为基础的，工作速度慢，没有（　　），只有汇编语言。

  A. 二进制数   B. 运算设施

  C. 机器语言   D. 操作系统

22. 微型计算机硬件系统主要包括（　　）、存储器、输入设备和输出设备。

  A. 运算器   B. 控制器

  C. CPU   D. 主机

23. 计算机中的运算器、控制器及内存储器的总称是（　　）。

  A. CPU   B. ALU

  C. 主机   D. MPU

24. 在微型计算机中，微处理器的主要功能是进行（　　）。

  A. 算术运算   B. 逻辑运算

  C. 算术/逻辑运算   D. 算术/逻辑运算及全机的控制

25. 用 MIPS 衡量的计算机性能指标是（　　）。

  A. 主频   B. 识别率

  C. 运算速度   D. 存储容量

26. 微型计算机中，系统参数设置的作用是（　　）。

  A. 清除病毒   B. 改变操作系统

  C. 增加外部设备   D. 调配机器性能

27. 微型机的分类方法很多，将微型计算机分为 8 位微型机、16 位微型机、32 位微型机和 64 位微型机的分类方法是根据计算机（　　）划分的。

  A. 用途   B. 组装形式

  C. 一次处理数据宽度   D. 是否由终端用户使用

28. 通常说"32 位微型计算机"，这里的 32 是指（　　）。

  A. 微型机的型号   B. 计算机字长

  C. 内存容量   D. 存储单位

29. 一般地，微型计算机主机箱中有主板、CPU、多功能卡、硬盘驱动器、光盘驱动器、电源、扬声器、显卡和（　　）等。

  A. 键盘   B. 鼠标

  C. 显示器   D. 内存条

30. 微型计算机的性能主要取决于（　　）。

  A. CPU   B. 内存

C. 硬盘   D. 显示卡
31. 通常,在微型计算机中80486或Pentium(奔腾)指的是(　　)。
　　　A. 产品型号   B. 主频
　　　C. 微型计算机名称   D. 微处理器型号
32. 计算机的存储器是一种(　　)。
　　　A. 运算部件   B. 输入部件
　　　C. 输出部件   D. 记忆部件
33. 计算机的存储器可以分为(　　)。
　　　A. 硬盘和软盘   B. 磁盘和光盘
　　　C. 内存储器和外存储器   D. 3.5英寸软盘和5.25英寸软盘
34. 以下选项中,(　　)一般是不需要保密的信息。
　　　A. 网站地址   B. 银行卡密码
　　　C. 电话号码   D. 身份证号
35. 计算机的内存储器比外存储器的存取速度快,内存储器可与CPU(　　)交换信息。
　　　A. 部分   B. 间接
　　　C. 直接   D. 不能
36. 用户编写的程序能被计算机执行,在执行前必须首先将该程序装入(　　)。
　　　A. 内存   B. 硬盘
　　　C. 软盘   D. 磁盘
37. 计算机内存的每个基本单元都被分配一个唯一的序号,此序号称为(　　)。
　　　A. 容量   B. 地址
　　　C. 编号   D. 字节
38. 启动一个程序的执行是将该程序的第一条指令的(　　)置入程序计数器(PC)中。
　　　A. 地址   B. 译码
　　　C. 操作码   D. 完整形式
39. 在微型计算机上运行一个程序时,如果总显示内存不足,可以有的解决办法之一是(　　)。
　　　A. 将硬盘换成光盘   B. 换上大容量硬盘
　　　C. 增加一个扩展存储卡   D. 将低密度软盘换成高密度盘
40. 下列说法中,不正确的说法是(　　)。
　　　A. 增加内存容量可提高其运行速度
　　　B. 提高CPU的主频可提高其运算速度
　　　C. 扩大硬盘容量可提高计算机的性能
　　　D. 任何计算机都可以安装Windows XP
41. 微型计算机存储器系统中的cache表示(　　)。
　　　A. 只读存储器   B. 高速缓冲存储器
　　　C. 可编程只读存储器   D. 可擦除可再编程只读存储器

42. 下列存储器中,存取周期最短的是( )。
   A. 内存储器   B. 光盘存储器
   C. 硬盘存储器   D. 软件盘存储器
43. 微型计算机存储系统中,ROM 是( )。
   A. 只读存储器   B. 随机存取存储器
   C. 可读写存储器   D. 可编程只读存储器
44. 在下面 4 种存储设施中,一般在断电后存储信息消失的是( )。
   A. RAM   B. ROM
   C. 硬盘   D. CD-ROM
45. DRAM 存储器的中文含义是( )。
   A. 静态随机存储器   B. 动态随机存储器
   C. 静态只读存储器   D. 动态只读存储器
46. 对于磁盘,每个盘片的每一面都被划分成若干同心圆的磁道,最外层是第 0 道,每个磁道记录的数据量是( )。
   A. 一样的   B. 不一样的
   C. 内圈的多于外圈的 D. 外圈的大于内圈的
47. 表示存储容量的基本单位符号是( )。
   A. GB   B. MB
   C. KB   D. B
48. 十进制数 179456 的 BCD 码是( )。
   A. 101111001010001010110   B. 010010101001001011110001
   C. 000101111001010001010110   D. 100101111001010001010110
49. 硬盘连同驱动器一起被称为( )。
   A. 内存储器   B. 外存储器
   C. 只读存储器   D. 半导体存储器
50. 在计算机中,常用的 CD-ROM 叫( )。
   A. 只读型大容量软盘 B. 只读型光盘
   C. 只读型硬盘   D. 只读存储器
51. 在微型计算机中,I/O 设备的含义是( )。
   A. 控制设备   B. 通信设备
   C. 网络设备   D. 输入输出设备
52. 下列设备中,既可作为输入设备又可作为输出设备的是( )。
   A. 绘图仪   B. 显示器
   C. 图形扫描仪   D. 磁盘驱动器
53. 下列各组设备中,全部属于输入设备的一组是( )。
   A. 键盘、磁盘和打印机   B. 键盘、鼠标和扫描仪
   C. 键盘、鼠标和显示器   D. 键盘、硬盘和打印机
54. 下列设备中,不属于计算机输出设备的是( )。
   A. 显示器   B. 打印机

C. 绘图仪 D. 光笔

55. 汉字的字形信息是以点阵的形式表示的。若一个汉字的字形信息采用 24×24 的点阵表示,则存放 1000 个这样的汉字需要大约( )KB 的空间。
   A. 70.3 B. 71
   C. 562.5 D. 563

56. 在微型计算机系统中常见到 VGA、EGA 等标识,这是( )。
   A. 微型计算机型号 B. 键盘型号
   C. 显示器型号 D. 显示接口标准

57. 为了保护眼睛,应该选择( )扫描的显示器。
   A. 逐行 B. 隔行
   C. 逐列 D. 隔列

58. 显示器又可以分为( )和液晶(LCD)显示器。
   A. 彩色显示器 B. 15 英寸显示器
   C. 平面直角显示器 D. 阴极射线管(CRT)显示器

59. 下列术语中,属于显示器性能指标的是( )。
   A. 速度 B. 可靠性
   C. 分辨率 D. 精度

60. 彩色显示器的显示效果取决于( )。
   A. 分辨率 B. 显示器
   C. 显示卡 D. 显示器及显卡

61. 显示器的分辨率用( )表示。
   A. 显示器屏幕尺寸大小 B. 显示器能显示的颜色数
   C. 同色像素点之间的距离 D. 像素点的横向点数纵向点数

62. ( )是将墨水直接喷到纸上实现印刷,可输出彩色图案,常用于广告和美术,也非常适合于家庭使用。
   A. 彩色激光打印机 B. 彩色喷墨打印机
   C. 平板型绘图仪 D. 滚筒型绘图仪

63. 通常所说的 24 针打印机属于( )。
   A. 击打式打印机 B. 激光打印机
   C. 喷墨打印机 D. 热能打印机

64. 微型计算机与并行打印机连接时,应将信号线插头插在( )。
   A. 扩展插口上 B. 串行插口上
   C. 并行插口上 D. 串并行插口上

65. 速度快、印字质量好、噪声低、耗材少的打印机类型是( )。
   A. 点阵式 B. 激光式
   C. 喷墨式 D. 击打式

66. 多媒体计算机系统的两大组成部分是( )。
   A. 多媒体功能卡和多媒体主机
   B. 多媒体通信软件和多媒体开发工具

C. 多媒体输入设备和多媒体输出设备
D. 多媒体计算机硬件系统和多媒体计算机软件系统

67. CD-ROM 读写数据的速度是"X 倍速"表示,平常所说的"倍速"是以(　　)CD-ROM 驱动器的数据传输速度 150k/s 为标准的,"50 倍速"(50X)意味着数据传输速度为 7500kb/s。

　　A. 第一代　　　　　　　　　　　B. 第二代
　　C. 第三代　　　　　　　　　　　D. 第四代

68. 多媒体信息不包括(　　)。

　　A. 文字、图形　　　　　　　　　B. 音频、视频
　　C. 影像、动画　　　　　　　　　D. 光盘、声卡

69. 用于存放某种媒体的媒体是(　　)。

　　A. 感觉媒体　　　　　　　　　　B. 表示媒体
　　C. 存储媒体　　　　　　　　　　D. 显示媒体

70. (　　)是标准的 Windows 图形和图像的基本位图格式。

　　A. .BMP　　　　　　　　　　　　B. .GIF
　　C. .PCD　　　　　　　　　　　　D. .JPG

71. 下列媒体中,不属于显示媒体的是(　　)。

　　A. 绘图仪　　　　　　　　　　　B. 显示器
　　C. 打印机　　　　　　　　　　　D. 光盘

72. 下列媒体中,不属于感觉媒体的是(　　)。

　　A. 语音　　　　　　　　　　　　B. 音乐
　　C. 图像　　　　　　　　　　　　D. 电报码

73. 下列关于显存的描述中,错误的是(　　)。

　　A. 显存是内存的扩充,可以存放所有待处理的数据
　　B. 显存越大,显示卡支持的最大分辨率越大
　　C. 显存的处理速度通常用纳秒表示,这个数字越小说明显存的速度越快
　　D. 显存可以分为同步和非同步显存

74. 计算机系统加电时,应先给外部设备加电,后给主机加电;关机时其次序(　　)。

　　A. 任意　　　　　　　　　　　　B. 和"加电"一致
　　C. 和"加电"相反　　　　　　　　D. 是先关显示器后关主机

75. 软件主要是(　　)的总称。

　　A. 文档、数据、算法　　　　　　B. 程序、数据、文档
　　C. 程序、文档、数据结构　　　　D. 数据、算法、数据结构

76. 计算机的软件系统通常分为(　　)。

　　A. 系统软件和应用软件　　　　　B. 高级软件和一般软件
　　C. 军用软件和民用软件　　　　　D. 管理软件和控制软件

77. 计算机系统中最基础的系统软件是(　　)。

　　A. 操作系统　　　　　　　　　　B. 语言处理系统
　　C. 数据库管理系统　　　　　　　D. 网络通信程序

78. 操作系统的功能是(   )。
    A. 程序管理、文件管理、编译管理、设备管理和作业管理
    B. 处理器管理、存储器管理、设备管理、文件管理和作业管理
    C. 硬盘管理、控制器管理、存储器管理、文件管理和作业管理
    D. 运算器管理、控制器管理、打印机管理、磁盘管理和作业管理

79. 操作系统是(   )的接口。
    A. 软件与硬件   B. 主机与外设
    C. 计算机与用户   D. 高级语言与机器语言

80. 在操作系统中,文件管理的主要功能是(   )。
    A. 实现虚拟存储   B. 实现文件按名存取
    C. 实现文件的高速输入输出   D. 实现按文件内容存取

81. 在操作系统中,存储管理主要是对(   )管理。
    A. 外存的管理   B. 内存的管理
    C. 辅助存储器的管理   D. 内存和外存的统一管理

82. 微型计算机操作系统是一组程序集合,其功用是(   )。
    A. 管理计算机系统中的文件   B. 控制和管理计算机的硬件设备
    C. 对高级语言程序进行翻译和执行 D. 控制和管理计算机系统的所有资源

83. 下列4组软件中,都是系统软件的是(   )。
    A. DOS 和 MIS   B. WPS 和 UNIX
    C. DOS 和 UNIX   D. UNIX 和 Word

84. 第四代计算机的逻辑器件,采用的是(   )。
    A. 晶体管   B. 大规模、超大规模集成电路
    C. 中、小规模集成电路   D. 微处理器集成电路

85. CAD 是计算机主要应用领域,它的含义是(   )。
    A. 计算机辅助教育   B. 计算机辅助测试
    C. 计算机辅助设计   D. 计算机辅助管理

86. CAI 在计算机领域的含义是(   )。
    A. 计算机辅助教育   B. 计算机辅助教学
    C. 计算机辅助智能   D. 计算机辅助管理

87. 下列4种软件中,属于应用软件的是(   )。
    A. BASIC 解释程序   B. Windows 系统
    C. 财务管理系统   D. Pascal 编译程序

88. 工业上的自动机床属于(   )方面的计算机应用。
    A. 科学计算   B. 过程控制
    C. 数据处理   D. 辅助设计

89. 若以学科划分,诸如办公自动化(OA)、管理信息系统(MIS)、决策支持系统(DSS)、工厂自动化等应用均属于(   )。
    A. 事务处理   B. 计算机辅助功能
    C. 生产过程控制   D. 人工智能

90. 我国自行研制的计算机"银河Ⅲ"属于(   )。
    A. 巨型计算机   B. 小型计算机
    C. 微型计算机   D. 工作站
91. 计算机能直接识别和执行的语言是(   )。
    A. 机器语言   B. 高级语言
    C. 汇编语言   D. 数据库语言
92. 由非机器语言编写的程序,一般都是经(   )翻译成机器语言,才能被计算机执行。
    A. 汇编程序   B. 编译系统
    C. 解释系统   D. 语言处理程序
93. 将高级语言编写的程序翻译成机器语言程序,采用的两种翻译方式是(   )。
    A. 编译和解释   B. 编译和汇编
    C. 编译和链接   D. 解释和汇编
94. 在计算机中采用二进制,是因为(   )。
    A. 电路简单   B. 工作可靠
    C. 逻辑性强   D. 以上均是
95. 为了避免混淆,十六进制数在书写时常在后面加字母(   )。
    A. H   B. O
    C. D   D. B
96. 与十进制数 254 等值的二进制数是(   )。
    A. 11111110   B. 11101111
    C. 11111011   D. 11101110
97. 与二进制数 1111001 等值的十进制数是(   )。
    A. 119   B. 120
    C. 121   D. 122
98. 与十六进制数 BC 等值的二进制数是(   )。
    A. 10111011   B. 10111100
    C. 11001100   D. 11001011
99. 与八进制数 37 等值的十六进制数是(   )。
    A. 1F   B. 1E
    C. 1D   D. 1C
100. 6 位无符号二进制数能表示的最大十进制整数是(   )。
    A. 64   B. 63
    C. 32   D. 31
101. 将十进制数$(23.23)_{10}$转化为十六进制且保留一位小数的是(   )。
    A. 17.B   B. 17.3
    C. 3A.1   D. 3A.E
102. 将十进制数$(23.23)_{10}$转化为 BCD 码是(   )。
    A. 00100011.00100011   B. 00100011.10001100

C. 00100111.00111010 D. 00111010.11101000

103. 数 253 与十六进制数 AB 相当,则这个数是( )进制数。
   A. 二 B. 五 C. 七 D. 八

104. 与二进制小数 0.1 等值的十六进制小数为( )。
   A. 0.1 B. 0.2
   C. 0.4 D. 0.8

105. 下列 4 个数中,数值最大的是( )。
   A. 1001001(2) B. 110(8)
   C. 71(10) D. 4A(16)

106. 执行下列逻辑与运算：10111111 · 11100011,其运算结果是( )。
   A. 10100011 B. 10010011
   C. 10000011 D. 10100010

107. 执行下列逻辑或运算：01010100 ∨ 10010011,其运算结果是( )。
   A. 00010000 B. 11010111
   C. 11100111 D. 11000111

108. 关于算法,下列叙述正确的是( )。
   A. 算法不能用伪代码来描述
   B. 算法只能用流程图来描述
   C. 算法可以用自然语言、流程图和伪代码来描述
   D. 算法不可以用自然语言、伪代码来描述

109. 在计算机中,应用最普遍的字符编码是"美国信息交换标准代码",即( )。
   A. 补码 B. BCD 码
   C. ASCII 码 D. 汉字编码

110. 当一个运算结果被送往终端显示时,首先要将数值信息转换为字符数据,即每一位数字都要换成相应的( )码,然后由主机传到终端,终端再将这些码转换成相应的字符点阵信息。
   A. 国标 B. 汉字机内
   C. BCD D. ASCII

111. 若已知大写英文字母 A 的 ASCII 编码是 41H,则大写英文字母 Z 的机内表示是( )。
   A. 00100001 B. 1011010
   C. 1111010 D. 0101101

112. 在微型计算机中,存储容量为 1MB,指的是( )。
   A. 1024×1024 字节 B. 1024×1024 字
   C. 1000×1000 字节 D. 1000×1000 字

113. 在计算机中有数百种汉字输入编码方案,其中,( )的主要特点是无重码并且除汉字外的各种字母、数字、符号也有相应的编码。
   A. 区位码 B. 全拼码
   C. 自然码 D. 五笔字型

114. 汉字国际码(GB 2312—1980)按使用频度把汉字分成(　　)。

　　A. 简体字和繁体字两个等级

　　B. 常用字、次用字和罕见字三个等级

　　C. 一级和二级两个等级

　　D. 一级、二级和三级共三个等级

115. 根据汉字国标码(GB 2312—1980)规定的汉字编码,每个汉字用(　　)表示。

　　A. 1字节　　　　　　　　　　　　B. 2字节

　　C. 3字节　　　　　　　　　　　　D. 4字节

116. 在计算机内把一个汉字表示为二字节的二进制编码,这种编码叫内码。内码的两个字节的最高位分别是(　　)。

　　A. 0和0　　　　　　　　　　　　B. 0和1

　　C. 1和1　　　　　　　　　　　　D. 1和0

117. 汉字字库中存储着汉字的(　　)。

　　A. 拼音　　　　　　　　　　　　B. 字模

　　C. 内码　　　　　　　　　　　　D. 国标码

118. 若存储1000个32×32点阵的汉字字模信息,则需要(　　)。

　　A. 125KB　　　　　　　　　　　　B. 126KB

　　C. 127KB　　　　　　　　　　　　D. 128KB

119. 字长是指CPU在一次操作中能同时处理的最大数据单位,体现了一条指令所能处理数据的能力。如果一台计算机的字长是8B,这意味着它(　　)。

　　A. 在CPU中作为一个整体加以传送处理的二进制代码为64位

　　B. 能处理的字符串最多由64个英文字母组成

　　C. 在CPU中运算的结果最大为2的64次方

　　D. 能处理的数值最大为64位十进制数

120. 计算机病毒实质上是(　　)。

　　A. 细菌感染　　　　　　　　　　B. 一组程序和指令的集合

　　C. 被损坏的程序　　　　　　　　D. 系统文件

121. 计算机病毒具有繁殖性、传染性、潜伏性、隐蔽性、可触发性和(　　)。

　　A. 恶作剧性　　　　　　　　　　B. 破坏性

　　C. 入侵性　　　　　　　　　　　D. 可扩散性

122. 按传染方式分的三大类计算机病毒是引导区型病毒、(　　)和混合型病毒和宏病毒。

　　A. 源码计算机病毒　　　　　　　B. 操作系统病毒

　　C. 入侵型计算机病毒　　　　　　D. 文件型病毒

123. 文件型病毒传染的对象主要是(　　)类文件。

　　A. .EXE和.WPS　　　　　　　　　B. .WPS和.DOC

　　C. .COM和.EXE　　　　　　　　　D. .DBF和.PRG

124. 下面列出的是关于计算机病毒可能的传播途径,不合适的说法是(　　)。

　　A. 将干净的优盘和带病毒的优盘混放在一起

B. 通过借用他人的优盘

C. 通过非法的软件副本

D. 使用来路不明的软件

125. 目前,所使用的防杀病毒软件的作用是(　　)。

　　A. 杜绝病毒对计算机的侵害

　　B. 检查出计算机已感染的所有病毒,清除部分已感染的病毒

　　C. 检查计算机是否感染病毒,清除已感染的所有病毒

　　D. 检查计算机是否感染病毒,尽可能清除已感染的病毒

126. 下列因素中,对微型计算机工作影响最小的是(　　)。

　　A. 温度　　　　　　　　　　B. 振动

　　C. 磁场　　　　　　　　　　D. 噪声

127. 数字字符"0"的 ASCII 码的十进制数是 48,那么数字字符"8"的 ASCII 码的十进制数是(　　)。

　　A. 60　　　　　　　　　　　B. 58

　　C. 56　　　　　　　　　　　D. 54

128. 计算机处理汉字信息时所使用的代码是(　　)。

　　A. ASCII 码　　　　　　　　B. 机内码

　　C. 字形码　　　　　　　　　D. 国标码

129. 微型计算机中的内存为 512MB,指的是(　　)。

　　A. 512Mb　　　　　　　　　B. 512MB

　　C. 512MW　　　　　　　　　D. 512000KW

130. 下列关于微型计算机的说法中,不正确的是(　　)。

　　A. 微型计算机的各功能部件通过大规模集成电路技术将所有逻辑部件都集成在一块或几块芯片上

　　B. 微型计算机是指以微处理器为核心,配以存储器,输入输出接口和各种总线所构成的总体

　　C. 普通的微型计算机由主机箱,键盘,显示器和各种输入输出设备组成

　　D. 微型计算机就是体积最小的计算机

131. 计算机信息安全是指(　　)。

　　A. 计算机中的信息没有病毒

　　B. 计算机中的信息不被泄露、篡改和破坏

　　C. 计算机中的信息均经过加密处理

　　D. 计算机中存储的信息正确

132. 键盘操作指法规定,右手无名指应放的基准键位是(　　)。

　　A. D 键　　　　　　　　　　B. S 键

　　C. M 键　　　　　　　　　　D. L 键

133. 在打字键区,可以发现许多键上有两个字符的键,需要输入上方字符时,要先按住(　　)键不放,再去单击相应字符键。

　　A. Ctrl　　　B. Shift　　　C. Alt　　　D. Tab

134. 微型计算机中,键盘上的 Ctrl 键称为(   )。
     A. 上档键   B. 控制键
     C. 回车键   D. 强行退出键
135. 用于表示命令行或信息行输入结束的键是(   )。
     A. Space Bar 键   B. Esc 键
     C. Backspace 键   D. Enter 键
136. 如果按下键盘右区的小键盘键,显示器上无符号,则应按(   )键转换。
     A. NumLock   B. Page Down
     C. Page Up   D. Delete
137. 在命令提示符下,执行内部命令(   )。
     A. 可以在任何目录下   B. 必须在根目录下
     C. 必须在当前目录下   D. 必须带有盘符
138. 假设某台式计算机的内存容量为 4GB,硬盘容量为 1TB,则硬盘容量是内存容量的(   )倍。
     A. 1024   B. 256
     C. 1000   D. 250000
139. 计算机中可直接执行文件的文件扩展名有(   )。
     A. .COM、.EXE、.SCR   B. .COM、.EXE、.BAK
     C. .COM、.EXE、.BAT   D. .COM、.BAK、.COB
140. 在下列叙述中,正确的叙述是(   )。
     A. 所有软件都可以自由复制和传播
     B. 受法律保护的计算机软件不能随便复制
     C. 软件没有著作权,不受法律的保护
     D. 应当使用自己花钱买来的软件
141. 键盘上的数字锁定键指的是(   )。
     A. Scroll Lock 键   B. Pause 键
     C. NumLock 键   D. Caps Lock 键
142. 已知一汉字的国标码是 6F32H,则其机内码是(   )。
     A. EF B2H   B. DE C8H   C. DE B8H   D. B0 21H
143. 已知在计算机中存储了"计算机操作练习"这样一串汉字,它们所占用的存储空间为(   )。
     A. 112b   B. 56b   C. 14b   D. 7b

A.2 Windows 及 Office

1. 目前不能直接单独用于 PC 的桌面操作系统是(   )。
   A. macOS   B. Windows   C. Android   D. Linux
2. 操作系统是(   )计算机硬件与软件资源的一组程序,给用户和其他软件提供了方便的接口和环境。

A. 启动　　　　　　　　　　　　B. 管理和控制
　　　C. 输入输出　　　　　　　　　　D. 运行
　3. 能够快速查到看正在运行的程序状态、终止已经停止响应的程序、显示计算机性能（CPU、GPU、内存等）的动态概述,这个工具是(　　)。
　　　A. 桌面图标　　　　　　　　　　B. 任务管理器
　　　C. 任务栏　　　　　　　　　　　D. 控制面板
　4. 操作系统为每一个文件开辟一个存储区,在它的里面记录着该文件的有关信息。这就是所谓的(　　)。
　　　A. 进程控制块　　　　　　　　　B. 文件控制块
　　　C. 设备控制块　　　　　　　　　D. 作业控制块
　5. 右击鼠标后弹出的菜单,称为(　　)。
　　　A. 主菜单　　　　　　　　　　　B. 子菜单
　　　C. 级联菜单　　　　　　　　　　D. 快捷菜单
　6. 在计算机中,信息（如文本、图像或音乐）以(　　)的形式保存在存储盘上。
　　　A. 字段　　　　　　　　　　　　B. 记录
　　　C. 文件　　　　　　　　　　　　D. 段落
　7. 同时选择某一位置下全部文件或文件夹的快捷键是(　　)组合键。
　　　A. Ctrl＋C　　　　　　　　　　B. Ctrl＋V
　　　C. Ctrl＋A　　　　　　　　　　D. Ctrl＋S
　8. 在Windows的资源管理器中,选择(　　)查看方式可显示文件的"大小"与"修改日期"。
　　　A. 大图标　　　　　　　　　　　B. 平铺
　　　C. 列表　　　　　　　　　　　　D. 详细信息
　9. 鼠标指针被移动到某窗口边沿时,若指针变成(　　)标记,则此时可以改变窗口的大小。
　　　A. 指向左上方的箭头　　　　　　B. 一只小手
　　　C. 竖直且闪烁的竖线　　　　　　D. 双箭头
　10. Windows资源管理器窗口分左、右窗格,右窗格是用来(　　)。
　　　A. 显示活动文件夹中包含的文件夹或文件
　　　B. 显示被删除文件夹中包含的文件夹或文件
　　　C. 显示被复制文件夹中包含的文件夹或文件
　　　D. 显示新建文件夹中包含的文件夹或文件
　11. Windows自带的输入法是(　　)。
　　　A. 搜狗拼音输入法　　　　　　　B. QQ拼音输入法
　　　C. 陈桥五笔输入法　　　　　　　D. 微软拼音输入法
　12. 在中文Windows中包含的汉字库文件是用于解决(　　)问题的。
　　　A. 用户输入的汉字在计算机内的存储　B. 汉字输入的键盘编码
　　　C. 不同的汉字识别　　　　　　　D. 汉字输出

13. Windows 10 系统安装完毕并启动后,一般由系统自动显示在桌面上的图标是( )。
　　　A. 资源管理器　　　　　　　　B. 回收站
　　　C. 此电脑　　　　　　　　　　D. 控制面板

14. 在 Windows 操作系统的管理下,是以( )为单位对磁盘信息进行管理和访问的。
　　　A. 文件　　　　　　　　　　　B. 盘片
　　　C. 字节　　　　　　　　　　　D. 命令

15. 下列工具,( )不是 Windows 10 的"附件"。
　　　A. 步骤记录器　　　　　　　　B. 截图工具
　　　C. 数学输入面板　　　　　　　D. 资源管理器

16. Windows 10 中保存"画图"程序建立的文件时,默认的扩展名为( )。
　　　A. bmp　　　　　　　　　　　B. jpg
　　　C. png　　　　　　　　　　　D. gif

17. Windows 10 下,"画图"程序中的"刷子"工具位于( )功能选项卡中。
　　　A. 查看　　　　　　　　　　　B. 主页
　　　C. 工具　　　　　　　　　　　D. 形状

18. 写字板是一个常用于( )的应用程序。
　　　A. 图形处理　　　　　　　　　B. 文字处理
　　　C. 程序处理　　　　　　　　　D. 信息处理

19. 使用 Windows DVD Maker 制作简单的 DVD 视频时,若要选择多张图片或多个视频时,应在按住( )键的同时单击要添加的每张图片或每个视频。
　　　A. Ctrl　　　　　　　　　　　B. Shift
　　　C. Alt　　　　　　　　　　　D. Esc

20. 一台计算机的硬件配置中必须有( )才有可能连接到无线局域网。
　　　A. 网卡　　　　　　　　　　　B. 调制解调器
　　　C. 路由器　　　　　　　　　　D. 无线网络适配器

21. 把在其他计算机上已经设置为共享,并且能够在本地计算机上访问的文件夹设置为本地计算机的一个驱动器符号,这种设置称为( )。
　　　A. 映射　　　　　　　　　　　B. 共享驱动器
　　　C. 映射磁盘　　　　　　　　　D. 映射网络驱动器

22. 在 Windows 操作系统中,下列关于恢复被删除的文件或文件夹的说法中,正确的是( )。
　　　A. 任何被删除的文件都能从回收站中恢复
　　　B. 从优盘中删除的文件利用 Windows 操作就可以恢复
　　　C. 只要是被删除的文件都不能被恢复
　　　D. 清空回收站后被删除的文件利用 Windows 操作不可再恢复

23. 在 Windows 10 恢复环境的"高级选项启动设置"中,( )不是可供选择的选项。

A. 启用安全模式　　　　　　　　B. 禁用驱动程序强制签名
C. 启用调试模式　　　　　　　　D. 系统映像恢复

24. 在使用计算机过程中,可利用 Windows 10 提供的功能对磁盘进行管理和维护,提高系统的性能,对于固态硬盘下列(　　)操作不合适。
    A. 清理磁盘中的垃圾文件以释放磁盘空间
    B. 整理磁盘中的碎片文件以提高读写速度
    C. 卸载不再使用的应用程序
    D. 利用"存储感知"删除文件

25. 在 Windows 操作系统中,"回收站"是(　　)。
    A. 硬盘上的一块区域　　　　　B. 优盘上的一块区域
    C. RAM　　　　　　　　　　　D. 内存中的一块区域

26. 在清理 Windows 操作系统桌面上的文件时,删除了某个应用程序的快捷方式图标,意味着(　　)。
    A. 该应用程序连同其图标一起被删除
    B. 只删除了该应用程序,对应的图标被隐藏
    C. 只删除了图标,对应的应用程序被保留
    D. 该应用程序连同其图标一起被隐藏

27. 文件的绝对路径名是从(　　)开始,逐步沿着每一级子目录向下到达指定文件。
    A. 当前目录　　　　　　　　　B. 根目录
    C. 桌面　　　　　　　　　　　D. 二级目录

28. 20 世纪年代初,一位芬兰大学生在 Internet 上发布了一套免费使用和自由传播的类 UNIX 操作系统,这个系统是(　　)。
    A. Android　　　　　　　　　　B. Novell
    C. macOS　　　　　　　　　　 D. Linux

29. Linux 操作系统存在着许多不同的版本,可安装在(　　)设备中。
    A. 手机、平板计算机
    B. 路由器、视频游戏控制台
    C. 台式计算机、大型计算机和超级计算机
    D. 以上都可以

30. 作为主要的工作站平台和重要的企业操作平台,UNIX 具有以下特点(　　)。
    A. 技术成熟可靠性高　　　　　B. 网络和数据库功能强
    C. 伸缩性突出和开放性　　　　D. 以上都是

31. 要求在规定的时间内对外界的请求必须给予及时相应的操作系统是(　　)。
    A. 多用户分时系统　　　　　　B. 实时系统
    C. 批处理系统时间　　　　　　D. 网络操作系统

32. 允许在一台主机上同时连接多台终端,将系统处理机时间与内存空间按一定的时间间隔,轮流地切换给各终端用户的程序使用,这种是(　　)操作系统。
    A. 网络　　　　　　　　　　　B. 分布式
    C. 分时　　　　　　　　　　　D. 实时

33. 从资源管理的角度看,进程调度属于(   )。
   A. I/O 管理   B. 文件管理
   C. 处理机管理   D. 存储器管理

34. 现代操作系统的两个基本特征是(   )和资源共享。
   A. 多道程序设计   B. 中断处理
   C. 程序的并发执行   D. 实现分时与实时处理

35. 操作系统的功能是(   )。
   A. 处理机管理、存储器管理、设备管理、文件管理
   B. 运算器管理、控制器管理、打印机管理、磁盘管理
   C. 硬盘管理、软盘管理、存储器管理、文件管理
   D. 程序管理、文件管理、编译管理、设备管理

36. "记事本"实用程序的基本功能是(   )。
   A. 文字处理   B. 图像处理
   C. 手写汉字输入处理   D. 图形处理

37. 在 Windows 中,关于文件夹的描述不正确的是(   )。
   A. 文件夹是用来组织和管理文件的
   B. 文件夹隐藏后就无法对其进行操作
   C. 文件夹中可以存放子文件夹
   D. 同一个磁盘的同一个文件夹下不允许有相同的文件名及其扩展名

38. 在 Windows 中,关于"开始"菜单,说法不正确的是(   )。
   A. "开始"菜单可以设置成"经典"模式
   B. "开始"菜单中的内容是固定的,用户不能调整
   C. 可以将桌面上的图标用鼠标直接拖曳到"开始"菜单
   D. "开始"菜单中的外观和行为可以在"任务栏和'开始'菜单属性"对话框中设置

39. 图标是 Windows 操作系统中的一个重要概念,用它表示 Windows 的一些对象。但这些对象不包括(   )。
   A. 窗口
   B. 应用程序
   C. 文档或文件夹
   D. 设备或其他的计算机

40. 下列关于图标的叙述中,错误的是(   )。
   A. 图标只能代表某个应用程序
   B. 图标既可以代表程序又可以代表文档
   C. 图标可以表示被组合在一起的多个程序
   D. 图标可以表示仍然在运行但窗口被最小化的程序

41. Windows 中,在树状目录结构下,不允许两个文件名(包括扩展名)相同指的是在(   )。
   A. 不同磁盘的不同目录下   B. 不同的磁盘的同一个目录下

C. 同一个磁盘的同一个目录下　　　　　D. 同一个磁盘的不同目录下

42. 在 Windows 中，要使用"计算器"完成一个十进制整数向十六进制的转换，应该选择（　　）。

　　A. 标准　　　　　　　　　　　　　B. 程序员
　　C. 科学　　　　　　　　　　　　　D. 统计信息

43. 早期版本的 Word 默认保存文档的扩展名为（　　）。

　　A. .txt　　　　　　　　　　　　　 B. .doc
　　C. .docx　　　　　　　　　　　　　D. .bmp

44. 早期版本的 Excel，默认保存电子表格的扩展名为（　　）。

　　A. .tab　　　　　　　　　　　　　 B. .xls
　　C. .xlsx　　　　　　　　　　　　　D. .xxls

45. 早期版本的 PowerPoint，默认保存演示文档的扩展名为（　　）。

　　A. .ppt　　　　　　　　　　　　　 B. .pptx
　　C. .xppt　　　　　　　　　　　　　D. .xpt

46. 在 Word 中，在（　　）选项卡的符号组中，可以插入公式和符号、编号等。

　　A. 开始　　　　　　　　　　　　　B. 插入
　　C. 引用　　　　　　　　　　　　　D. 加载

47. 在 Word 中，在插入选项卡的（　　）组中，可以插入公式和符号、编号等。

　　A. 字体　　　　　　　　　　　　　B. 符号
　　C. 段落　　　　　　　　　　　　　D. 桌面背景

48. 在 PowerPoint 中，通过（　　）功能，不但可以插入未最小化到任务栏的可视化窗口图片，还可以通过屏幕剪辑插入屏幕任何部分的图片。

　　A. 复制　　　　　　　　　　　　　B. 剪切
　　C. 插入　　　　　　　　　　　　　D. 屏幕截图

49. 在 Excel 中，在 A1 单元格内输入"101"，按住 Ctrl 键，拖动该单元格填充柄至 A8，则 A8 单元格中内容是（　　）。

　　A. A1　　　　　　　　　　　　　　B. 101
　　C. 108　　　　　　　　　　　　　　D. Ctrl

50. 在 Excel 中，求出相应数字绝对值的函数是（　　）。

　　A. ABS()　　　　　　　　　　　　　B. MAX()
　　C. AVERAGE()　　　　　　　　　　　D. COUNTIF()

51. 在 Excel 中，求所有参数平均值的函数是（　　）。

　　A. ABS()　　　　　　　　　　　　　B. MAX()
　　C. AVERAGE()　　　　　　　　　　　D. COUNTIF()

52. 在 Excel 中，求最大值的函数是（　　）。

　　A. SUMIF()　　　　　　　　　　　　B. MAX()
　　C. AVERAGE()　　　　　　　　　　　D. COUNTIF()

53. 在 Excel 中，计算符合指定条件的单元格区域内的数值和的函数是（　　）。

　　A. SUMIF()　　　　　　　　　　　　B. MAX()

C. AVERAGE()　　　　　　　　D. COUNTIF()

54. 在Excel中,统计某个单元格区域中符合指定条件的单元格数目的函数是(　　)。
　　A. SUMIF()　　　　　　　　B. MAX()
　　C. AVERAGE()　　　　　　　D. COUNTIF()

55. 在Word中,给每位家长发送一份《期末成绩通知单》,用(　　)命令最简便。
　　A. 复制　　　　　　　　　　B. 信封
　　C. 标签　　　　　　　　　　D. 邮件合并

56. Excel中,要录入身份证号,数字分类应选择(　　)格式。
　　A. 常规　　　　　　　　　　B. 数字(值)
　　C. 文本　　　　　　　　　　D. 特殊

57. 在PowerPoint中,从当前幻灯片开始放映幻灯片的快捷键是(　　)。
　　A. Shift+F5　　　　　　　　B. F5
　　C. Ctrl+F5　　　　　　　　D. Alt+F5

58. 对Word的文档窗口进行最小化操作,(　　)。
　　A. 会将指定的文档关闭
　　B. 会关闭文档及其窗口
　　C. 文档的窗口和文档都没关闭
　　D. 从外存中读入指定的文档并显示出来

59. 中文Word是(　　)。
　　A. 字处理软件　　　　　　　B. 系统软件
　　C. 硬件　　　　　　　　　　D. 操作系统

60. 下列关于压缩文件夹的说法中,不正确的说法是(　　)。
　　A. 使用压缩文件夹会降低计算机的性能
　　B. 可以直接执行压缩文件夹中的程序文件
　　C. 压缩文件夹可以在计算机中的任何驱动器、文件夹之间移动
　　D. 对压缩文件夹中的文件(夹)加密:先选中,然后依次单击"文件""添加密码"

61. 在下列视图中,可以使用Word的"即点即输"功能的是(　　)。
　　A. 草稿视图　　　　　　　　B. 页面视图
　　C. 阅读版式视图　　　　　　D. 大纲视图

62. 在Windows中,不能在"任务栏"内进行的操作是(　　)。
　　A. 排列窗口　　　　　　　　B. 排列桌面图标
　　C. 启动"开始"菜单　　　　　D. 关闭已打开的窗口

63. 利用Word中提供的(　　)功能,可以帮助用户快速转至文档中的任何位置。
　　A. 查找　　　　　　　　　　B. 替换
　　C. 定位　　　　　　　　　　D. 改写

64. 在Windows中,"回收站"的内容(　　)。
　　A. 能恢复　　　　　　　　　B. 不能恢复
　　C. 不占磁盘空间　　　　　　D. 永远不能清除

65. 打开"任务栏属性"对话框,在"任务栏"选项卡中选择"自动隐藏任务栏",则任务

栏( )。
　　A. 显示在屏幕的顶部　　　　　　B. 消失得无影无踪
　　C. 暂时不能使用了　　　　　　　D. 变成一根细线留在屏幕边缘
66. 下列操作中,不能够更改 Windows 任务栏属性的是( )。
　　A. 右击"开始"按钮,在快捷菜单中选取"属性"
　　B. 在"开始"菜单的"搜索程序和文件"子菜单中选取"任务栏"
　　C. 在"开始"菜单的"运行"子菜单,然后执行 gpedit.msc 命令,修改用户配置里的任务栏
　　D. 在"开始"菜单的"帮助和支持"子菜单中选取"任务栏"
67. 在 Windows 中,当任务栏的位置处在屏幕左侧或右侧时,任务栏的尺寸( )。
　　A. 不能改变　　　　　　　　　　B. 只能变小
　　C. 只能变大　　　　　　　　　　D. 能连续变化
68. 在 Windows 中,下列关于"任务栏"的叙述中,错误的是( )。
　　A. 任务栏可以被锁定
　　B. 可以将任务栏设置为自动隐藏
　　C. 在任务栏上,只显示当前活动窗口名
　　D. 通过任务栏上的按钮,可实现窗口之间的切换
69. 以下( )被称为文本文件或 ASCII 文件。
　　A. 以.exe 为扩展名的文件　　　　B. 以.txt 为扩展名的文件
　　C. 以.com 为扩展名的文件　　　 D. 以.doc 为扩展名的文件
70. 在 Windows 任务栏上,其快速启动栏中列出了( )。
　　A. 部分应用程序的快捷方式　　　B. 已经启动并运行的应用程序名
　　C. 所有可执行文件的快捷方式　　D. 运行中处于最小化的应用程序名
71. 下列关于快捷方式的说法中,不正确的说法是( )。
　　A. 快捷方式是一种文件,仅存放一个指针
　　B. 快捷方式文件的后缀有 lnk
　　C. 双击快捷方式文件是间接启动其链接项目
　　D. 备份文件时,可以只复制快捷方式
72. 在搜索文件或文件夹时,若用户输入"*.*",则搜索( )。
　　A. 所有含有"*"的文件
　　B. 所有含有"*.*"的文件
　　C. 所有扩展名中含有"*"的文件
　　D. 所有文件
73. 在 Windows 中,"任务栏"上可以显示( )。
　　A. 除当前窗口外的所有已打开的窗口图标
　　B. 当前窗口的图标
　　C. 不含窗口最小化的所有被打开窗口的图标
　　D. 所有已打开的窗口图标

74. 下列有关 Windows 窗口标题栏右侧的 3 个图标按钮的说法中,不正确的说法是( )。
    A. 最大化和还原可互相改变　　　　B. 分别是最小化、还原和关闭按钮
    C. 分别是最大化、还原和关闭按钮　　D. 分别是最小化、最大化和关闭按钮

75. 双击 Windows 窗口的标题栏的空白处,结果将是( )。
    A. 关闭窗口　　　　　　　　　　　　B. 最大化或还原窗口
    C. 最小化或还原窗口　　　　　　　　D. 最大化或最小化窗口

76. 在"画图"程序窗口中,( )可以画圆、正方形、水平直线、垂直直线、等标准图形。
    A. 按住 Alt 键　　　　　　　　　　　B. 按住 Ctrl 键
    C. 按住 Shift 键　　　　　　　　　　D. 按住 Y 键

77. 在 Windows 中,一个窗口已经最大化后,下列叙述中错误的是( )。
    A. 该窗口可以被关闭　　　　　　　　B. 该窗口可以移动
    C. 该窗口可以最小化　　　　　　　　D. 该窗口可以还原

78. 下列关于应用程序窗口的最小化和关闭的说法中,正确的说法是( )。
    A. 二者无区别
    B. 关闭窗口后结束程序运行,而最小化后程序仍在运行
    C. 关闭窗口后程序仍在运行,而最小化后结束程序运行
    D. 关闭窗口后就从磁盘上删除了该程序,而最小化后应用程序文件仍在磁盘上

79. 单击窗口的"最小化"按钮,窗口会缩至任务栏,则该窗口所对应的应用程序( )。
    A. 停止运行
    B. 正在前台运行
    C. 仍在内存中运行,只是转入后台
    D. 暂停运行,单击鼠标右键可继续运行

80. 下列操作中,不能关闭 Windows 当前窗口的操作是( )。
    A. 按 Alt + F4 组合键　　　　　　　B. 双击控制菜单图标
    C. 单击任务栏上的窗口图标　　　　　D. 单击控制菜单,选择"关闭"菜单项

81. 在 Windows 中,可以按( )组合键,完成多窗口之间切换。
    A. Alt + Tab　　　　　　　　　　　　B. Alt + Ctrl
    C. Alt + Shift　　　　　　　　　　　D. Ctrl + Tab

82. 在 Windows 中,可以使用( )键激活当前窗口的主菜单栏。
    A. Ctrl　　　　　　　　　　　　　　 B. Esc
    C. Alt　　　　　　　　　　　　　　　D. Shift

83. 在 Windows 中,将同时打开的多个窗口进行层叠式排列,这些窗口的显著特点是( )。
    A. 每个窗口的内容全部可见　　　　　B. 每个窗口的标题栏全部可见
    C. 部分窗口的标题栏全部不可见　　　D. 每个窗口的部分标题栏可见

84. 每个窗口最上方有一个"标题栏",将鼠标光标指向该处,然后"拖放",则可以( )。
    A. 变动窗口上缘,从而改变窗口大小　B. 放大窗口

C. 移动该窗口　　　　　　　　　　　D. 缩小该窗口
85. 当屏幕上有多个独立且不重叠的窗口时,那么活动窗口(　　)。
　　A. 可以有多个窗口　　　　　　　　　B. 只能是固定的窗口
　　C. 是没有被其他窗口盖住的窗口　　　D. 在任务栏上是一个凹下的样式
86. 在 Windows 环境中,不能指定活动窗口的是(　　)。
　　A. 用鼠标单击该窗口的任意位置　　　B. 反复按 Ctrl + Tab 键
　　C. 把其他窗口都关闭,只留一个窗口　D. 把其他窗口都最小化,只留一个窗口
87. 打开"我的电脑",要在下拉菜单中选择并执行某一命令,错误的操作是(　　)。
　　A. 用鼠标单击该命令
　　B. 直接按该命令后括号中带有下划线的字母键
　　C. 用键盘上的方向键将高亮度条移到该命令后按回车键
　　D. 同时按下 Ctrl 键和该命令后括号中带有下划线的字母键
88. 当桌面上有多个窗口时,这些窗口(　　)。
　　A. 只能重叠
　　B. 只能平铺
　　C. 既能重叠,也能平铺
　　D. 可以由系统自动设置其平铺或重叠,用户无法改变
89. 在 Windows 中,利用回收站(　　)。
　　A. 只能恢复刚刚被删除的文件或文件夹
　　B. 可以在任何时候恢复以前被删除的所有的文件或文件夹
　　C. 只能在一定时间范围内恢复被删除的硬件上的文件或文件夹
　　D. 可以在一定时间范围内恢复被删除的磁盘上的文件或文件夹
90. Windows 的菜单项约定,灰色的菜单项表示(　　)。
　　A. 选择该项将打开一个下拉菜单　　　B. 选择该项将打开一个对话框
　　C. 表示该项在当前状态下不可使用　　D. 表示该项在当前状态下可以使用
91. 如果某菜单的右边有一个黑三角形标记,表示(　　)。
　　A. 单击这个菜单选项出现一个对话框
　　B. 这个选项还有子菜单
　　C. 单击这个选项可以弹出一个快捷菜单
　　D. 这个菜单目前还不能选取
92. 在 Windows 的对话框中,复选框的外形是正方形,这是(　　)。
　　A. 一组互相排斥的选项,一次只能选中一项,方框中有"√"表示选中
　　B. 一组互相不排斥的选项,一次可以选中其中的几项,方框中有"√"表示未选中
　　C. 一组互相排斥的选项,一次只能选中一项,方框中有"√"表示未选中
　　D. 一组互相不排斥的选项,一次可以选中其中的几项,方框中有"√"表示选中
93. 下列关于"对话框"的说法中,错误的是(　　)。
　　A. "对话框"中可能出现多个选项卡
　　B. "对话框"与窗口相同,可以改变大小

C. "对话框"没有最大化、最小化按钮,可以移动位置
D. "对话框"有标题栏、关闭按钮,有时也会出现菜单栏

94. 在Windows中,能弹出对话框的操作是(　　)。
    A. 选择带省略号的菜单项　　　　B. 选择带向右三角形箭头的菜单项
    C. 选择颜色变灰的菜单项　　　　D. 运行与对话框对应的应用程序

95. 在对话框中,若单选框的某个选项被选中时,则该选项前面会出现(　　)。
    A. +　　　　　　　　　　　　　B. *
    C. √　　　　　　　　　　　　　D. ·

96. 用(　　)键可使光标在对话框中的各项间移动。
    A. Tab　　　　　　　　　　　　B. Esc
    C. Ctrl　　　　　　　　　　　　D. Alt

97. 打开Windows的"命令提示符"窗口,单击(　　),再单击"属性"。可以完成"命令提示符"窗口中的字体、布局、颜色、光标的大小等的设置工作。
    A. 标题栏　　　　　　　　　　　B. 窗口名
    C. 状态栏　　　　　　　　　　　D. 控制菜单图标

98. 要卸除一种系统外安装的中文输入法,可以通过(　　)窗口中的"程序"完成。
    A. 控制面板　　　　　　　　　　B. 资源管理器
    C. 文字处理程序　　　　　　　　D. 我的电脑

99. 可以用键盘实现输入法之间的切换,其方法一般为按(　　)组合键。
    A. Alt + Ctrl　　　　　　　　　B. Ctrl + Shift
    C. Ctrl + Tab　　　　　　　　　D. Ctrl + Esc

100. 直接启动或关闭中文输入法的操作是(　　)。
    A. Ctrl + 空格　　　　　　　　　B. Shift + 空格
    C. Alt + 空格　　　　　　　　　D. Tab + 空格

101. 在中文输入状态下,要实现全角/半角字符切换,可使用(　　)组合键。
    A. Ctrl + 空格　　　　　　　　　B. Shift + 空格
    C. Alt + 空格　　　　　　　　　D. Ctrl + Shift

102. 在Windows的全角状态下,每个英文字母(　　)。
    A. 占一个汉字的位置　　　　　　B. 占半个汉字的位置
    C. 占两个汉字的位置　　　　　　D. 有时占两个汉字的位置

103. 新建"记事本",输入一些文字,然后选中"文件"|"保存"菜单项,以下说法中正确的是(　　)。
    A. 直接退出"记事本"程序
    B. 打开"另存为"对话框,以首行为文件名存盘后退出
    C. 打开"另存为"对话框,可以输入文件名,单击"保存"按钮后存盘退出
    D. 打开"另存为"对话框,可以输入文件名,单击"保存"按钮后回到编辑状态

104. 下列关于Windows中记事本的说法中,错误的说法是(　　)。
    A. 记事本是一个纯文本文件的编辑器
    B. 记事本没有表格处理能力

C. 记事本的运行速度快、占用空间小

D. 记事本可以编辑所有系统的纯文本文档

105. 在 Windows 的"写字板"程序中,使用"保存"菜单能自动以( )格式保存文件。

  A. .RTF   B. .DOC

  C. .BMP   D. .JMP

106. 下列关于 Windows 的写字板的说法中,错误的说法是( )。

  A. 写字板可以进行格式化文本、对齐段落、设定表格、复制和粘贴文本

  B. 写字板具备 Word for Windows 所描述的一些特性

  C. 写字板与记事本都是 Windows 自带的文档编辑器而且功能相当

  D. 在写字板中可以插入 Microsoft Excel 图表

107. 打开"任务栏 属性"的方法是( )。

  A. 右击桌面空白处,在弹出的快捷菜单中选中"属性"选项

  B. 右击任务栏空白处,在弹出的快捷菜单中选中"属性"选项

  C. 右击"我的电脑"窗口的空白处,在弹出的快捷菜单中选中"属性"选项

  D. 右击"开始"菜单里的控制面板,在弹出的快捷菜单中选中"属性"选项

108. 以下不能激活"开始"菜单的操作是( )。

  A. 单击"开始"按钮   B. 按 Ctrl+Esc 组合键

  C. 按 Windows 键   D. 按 Alt+Esc 组合键

109. Windows 显示的整个屏幕称为( )。

  A. 窗口   B. 桌面

  C. 工作台   D. 操作台

110. 快速地将"计算机""用户的文档""网络"和"控制面板"4个图标显示在桌面上的操作是( ),然后选中"个性化"选项。

  A. 先右击通知区域   B. 先右击窗口内的空白处

  C. 先右击桌面的空白处   D. 先右击任务栏的空白处

111. 在 Windows 中,被删除的文件或文件夹将存放在( )。

  A. 我的文档   B. 我的临时文件

  C. 我的历史记录   D. 回收站

112. 当选定文件或文件夹后,不将文件或文件夹放到"回收站"中,而直接删除的操作是( )。

  A. 按 Delete 键

  B. 直接将文件或文件夹拖放到"回收站"中

  C. 按 Shift+Delete 组合键

  D. 用"此电脑"或"资源管理器"窗口中"文件"菜单中的删除命令

113. 在"我的电脑"中想看一些隐藏文件或文件夹,可以单击( )下的选项。

  A. "文件"菜单   B. "编辑"菜单

  C. "查看"菜单   D. "工具"菜单

114. Windows 中的文件夹是用来存放文件的,其文件管理模式是( )。

A. 关系结构 B. 层次结构
C. 树状结构 D. 网状结构

115. 在 Windows 中,某一文件与相应的应用程序关联,是指该类型文件与某个相应的应用程序通过该类型文件的(　　)建立联系。

　　A. 基本名 B. 扩展名
　　C. 全名 D. 标识名

116. 在 Windows 中,动态链接库文件的文件名扩展名是(　　)。

　　A. .inf B. .doc
　　C. .wav D. .dll

117. 在 Windows 中,标识声音波形文件的文件名扩展名是(　　)。

　　A. .inf B. .doc
　　C. .wav D. .dll

118. 如果要选择连续的多个文件或文件夹,可以先单击第一个文件或文件夹,然后按下(　　)键不放,选择连续区域内的最后一个文件或文件夹。

　　A. Ctrl B. Shift
　　C. Tab D. Alt

119. 在 Windows 默认环境中,下列能将选定的文档放入剪贴板中的组合键是(　　)。

　　A. Ctrl + V B. Ctrl + Z
　　C. Ctrl + X D. Ctrl + A

120. 如果要选择活动窗口中的所有文件或文件夹,可以按(　　)组合键。

　　A. Ctrl + A B. Ctrl + X
　　C. Ctrl + C D. Ctrl + V

121. 将当前窗口复制到剪贴板中的操作是按(　　)。

　　A. Ctrl + Print Screen 组合键 B. Print Screen 键
　　C. Alt + Print Screen 组合键 D. Alt + Ctrl + Print Screen 组合键

122. 在多种应用程序中可以用快捷键替代菜单命令,按(　　)组合键完成"复制"。

　　A. Ctrl + X B. Ctrl + C
　　C. Ctrl + F D. Ctrl + V

123. 在 Windows 中,文件夹的概念相当于 DOS 中的(　　)。

　　A. 目录 B. 根目录
　　C. 当前目录 D. 子目录

124. 如果要对文件或文件夹进行更名操作,以下不能更名的操作是(　　)。

　　A. 选定一个文件或文件夹后,选中"文件"|"重命名"菜单项
　　B. 右击文件或文件夹,从弹出的快捷菜单中选中"重命名"菜单项
　　C. 双击文件或文件夹名
　　D. 两次单击文件或文件夹名

125. 在 Windows 中,有关文件或文件夹的属性说法中,不正确的说法是(　　)。

　　A. 文件存盘后,属性就不可以改变了
　　B. 用户可以重新设置文件或文件夹的属性

C. 在 Windows 中,所有的文件或文件夹都有自己的属性

D. 文件或文件夹的属性若设为隐藏型,一般情况下是看不到的

126. 要想文件不被修改和删除,可把文件设置成(　　)。

　　A. 存档文件　　　　　　　　　　B. 隐藏文件

　　C. 只读文件　　　　　　　　　　D. 系统文件

127. 下面是关于 Windows 文件名的叙述,错误的叙述是(　　)。

　　A. 文件名中允许使用空格　　　　B. 文件名中允许使用中、英文

　　C. 文件名中允许使用竖线("|")　　D. 文件中允许使用多个圆点分隔符

128. 在 Windows 中,下列正确的文件名是(　　)。

　　A. My Program.TXT　　　　　　B. File1 * file2

　　C. A<>B.C　　　　　　　　　　D. A? B.doc

129. 在 Windows 中,若待复制的对象为文件夹,则该文件夹(既有文件,又有子文件夹)中的(　　)被复制。

　　A. 所有文件　　　　　　　　　　B. 所有子文件夹

　　C. 所有文件及非空的子文件夹　　D. 所有文件和子文件夹(无论空否)

130. 回收站只能存放从(　　)中删除的文件或文件夹。

　　A. 软盘　　　　　　　　　　　　B. 硬盘

　　C. 光碟　　　　　　　　　　　　D. 优盘

131. 在 Windows 中,"回收站"实际上是(　　)。

　　A. 内存中的一块区域　　　　　　B. 硬盘上的一块区域

　　C. 软盘上的一块区域　　　　　　D. 高速缓存上的一块区域

132. 要删除一个文件或文件夹,下列操作中错误的是(　　)。

　　A. 直接将文件或文件夹拖至"回收站"里

　　B. 选定要删除的文件或文件夹,直接按键盘上的 Delete 键

　　C. 选定要删除的文件或文件夹,选中"文件"|"删除"菜单选项

　　D. 选定要删除的文件或文件夹,单击鼠标左键,在弹出快捷菜单中,选中"删除"命令

133. 删除 Windows 桌面上某个应用程序的快捷图标,意味着(　　)。

　　A. 该应用程序连同其图标一起被删除

　　B. 该应用程序连同其图标一起被隐藏

　　C. 只删除了图标,对应的应用程序被保留

　　D. 只删除了该应用程序,对应的图标被隐藏

134. 在 Windows 中,要删除已安装成功的应用程序,正确的操作是(　　)。

　　A. 删除桌面上该程序的图标

　　B. 找到该程序所在的文件夹,并将其删除

　　C. 打开"控制面板",单击"程序"

　　D. 在"资源管理器"中找到该程序,并将其拖入"回收站"

135. 在 Windows 中,若系统长时间不响应用户的要求,可以通过(　　)结束该任务。

　　A. 回收站　　　　　　　　　　　B. 我的电脑

C. 任务管理器 D. 资源管理器

136. (　　)不能启动"任务管理器"。

　　A. 按 Ctrl ＋ Alt ＋ Del 组合键

　　B. 按 Ctrl ＋ Shift ＋ Esc 组合键

　　C. 按 Ctrl ＋ Alt ＋ Shift 组合键

　　D. 右击任务栏空白处,在弹出的快捷菜单中选中"任务管理器"选项

137. 在 Windows 中,需要进行检查或运行软、硬盘及 CD-ROM 上的内容等操作时,首选(　　)。

　　A. "我的电脑"和"我的文档" B. "我的电脑"和"资源管理器"
　　C. "控制面板"和"资源管理器" D. "我的文档"和"资源管理器"

138. 在 Windows"资源管理器"窗口中,左窗格中显示的内容是(　　)。

　　A. 所有未打开的文件夹 B. 系统的树状文件夹结构
　　C. 打开的文件夹下的子文件夹及文件 D. 所有已打开的文件夹

139. 打开 Windows 资源管理器,能在右窗格内显示文件夹中文件列表的正确操作是在左侧的导航窗格里(　　)。

　　A. 单击文件夹 B. 单击文件夹前边的"＋"、三角或箭头
　　C. 单击文件夹前边的"-" D. 双击文件夹前边的"-"

140. 不能快速打开资源管理器的快捷操作是(　　)。

　　A. 右击"开始"按钮 B. "Windows 标志键"＋ H
　　C. 单击任务栏上的"资源管理器"图标 D. "Windows 标志键"＋ E

141. 打开 Windows 的"资源管理器",要改变文件或文件夹的显示方式,应该通过(　　)选项。

　　A. "文件" B. "编辑"
　　C. "查看" D. "帮助"

142. 在资源管理器左窗格中显示驱动器和文件夹结构,文件夹图标前的"＋"表示(　　)。

　　A. 该文件夹有子文件夹,可以展开
　　B. 该文件夹有子文件夹,而且已经展开
　　C. 该文件夹不有子文件夹,不可以展开
　　D. 该文件夹有子文件夹,但不可以展开

143. 在资源管理器窗口中,单击文件夹前面的减号、三角或箭头表示(　　)。

　　A. 新建文件夹 B. 新建快捷方式
　　C. 展开文件夹 D. 收拢文件夹

144. 在 Windows 的"资源管理器"左部窗格中,若显示的文件夹图标前没有三角或箭头,意味着该文件夹中(　　)选项不对。

　　A. 空白 B. 只有文件
　　C. 有文件夹 D. 无下级文件夹

145. 在资源管理器中,想了解在某一天创建或编辑的文件,最好把文件按照(　　)方式排列。

A. 名称 B. 大小
C. 类型 D. 日期

146. 在 Windows 资源管理器中,能够使用鼠标拖放功能实现硬盘上的文件或文件夹直接移动到优盘上的正确操作是(　　)。
    A. 按住鼠标左键拖动文件或文件夹到目的文件夹上
    B. 按住 Alt 键,然后按住鼠标左键拖动文件或文件夹到目的文件夹上
    C. 按住 Ctrl 键,然后按住鼠标左键拖动文件或文件夹到目的文件夹上
    D. 按住 Shift 键,然后按住鼠标左键拖动文件或文件夹到目的文件夹上

147. 在 Windows 的"资源管理器"窗口右部,若已单击选中第一个文件,按住 Ctrl 键并单击第 5 个文件,则有(　　)个文件被选中。
    A. 0 B. 1
    C. 2 D. 5

148. 对于 Windows 系统,下列叙述中错误的是(　　)。
    A. 可支持鼠标操作 B. 可同时运行多个程序
    C. 桌面上可同时容纳多个窗口 D. 可运行所有的 DOS 应用程序

149. 在 Windows 中,可以运行一个应用程序的操作是(　　)。
    A. 利用"开始"菜单中的"文档" B. 用鼠标右键双击该应用程序名
    C. 用鼠标左键单击该应用程序名 D. 用鼠标左键双击该应用程序名

150. 关于快捷菜单的描述中,不正确的描述是(　　)。
    A. 快捷菜单可以显示出对于某一对象相关的命令菜单
    B. 选定要操作的对象,单击左键,屏幕上弹出快捷菜单
    C. 选定要操作的对象,单击右键,屏幕上弹出快捷菜单
    D. 按 Esc 键或单击桌面或窗口上任意空白区域,可以退出快捷菜单

151. Windows 的"即插即用"功能是指 Windows 能对(　　)。
    A. 某些新安装的软件自动识别 B. 某些新插接的硬件自动识别
    C. 一切新插接的硬件自动识别 D. 一切新安装的硬件和软件自动识别

152. 在 Windows 中,若需要改变屏幕分辨率、设置系统配置、安装新程序或删除不用的程序、建立汉字输入法、设置调制解调器时,可直接执行(　　)中的对象完成。
    A. 查找 B. 活动桌面
    C. 控制面板 D. 命令提示符

153. 启动 Windows 后进入"命令提示符",若返回 Windows 环境,可以使用(　　)命令。
    A. EXIT B. ESC
    C. SYSTEM D. QUIT

154. 为了正常退出 Windows,正确的操作是(　　)。
    A. 在任何时刻按 Reset 按钮
    B. 在任何时候都可以关掉计算机电源
    C. 可以在计算机没有任何操作的状态下关掉计算机电源
    D. 在"开始"菜单中选中"关闭计算机"选项并进行人机对话

155. 当对文件内容的操作发生错误时,可以利用"编辑"|"(　　)"命令取消操作。
　　　A. 撤销　　　　　　　　　　　　B. 删除
　　　C. 剪切　　　　　　　　　　　　D. 粘贴

156. 为了获取 Windows 的帮助信息,可以在需要的时候按(　　)键。
　　　A. F1　　　　　　　　　　　　　B. F2
　　　C. F3　　　　　　　　　　　　　D. F4

157. 在同一磁盘上把某个文件夹窗口的文件复制到另一个文件夹的方法是(　　)。
　　　A. 把文件的图标直接拖动到另一个文件夹
　　　B. 按住 Ctrl 键把文件的图标拖到另一个文件夹
　　　C. 按住 Shift 键把文件的图标拖到另一个文件夹
　　　D. 把文件的图标先剪切到剪贴板后再粘贴到另一个文件夹

158. 复制文件或文件夹是指制作一个该文件或文件夹的副本。如果在同一个位置进行了同名文件或文件夹的复制,则新文件名中冠有(　　)两字。
　　　A. 副本　　　　　　　　　　　　B. 复本
　　　C. 副件　　　　　　　　　　　　D. 复件

159. 在 Windows 中启动程序或打开文档时,如果不知道某个文件位于磁盘的何处,可使用系统提供的(　　)功能。
　　　A. 运行　　　　　　　　　　　　B. 搜索
　　　C. 浏览　　　　　　　　　　　　D. 帮助

160. 下列操作中,不属于鼠标基本操作的是(　　)。
　　　A. 按住 Shift 键并拖放　　　　　　B. 双击
　　　C. 拖放　　　　　　　　　　　　D. 单击

161. 在 Windows 中,"粘贴"操作的是(　　)组合键。
　　　A. Ctrl＋A　　　　　　　　　　　B. Ctrl＋C
　　　C. Ctrl＋V　　　　　　　　　　　D. Ctrl＋X

162. 在 Windows 中,剪贴板属于(　　)。
　　　A. 内存中的一块区域　　　　　　B. 软盘上的一块区域
　　　C. 硬盘上的一块区域　　　　　　D. 光碟上的一块区域

163. 下列关于 Windows 桌面上图标的叙述中,正确的叙述是(　　)。
　　　A. 所有的图标可以复制　　　　　B. 所有图标都可以重命名
　　　C. 所有的图标都可以移动　　　　D. 所有的图标不能自动重排

164. 在 Windows 中打开一个文档一般就能同时打开相应的应用程序,因为(　　)。
　　　A. 文档就是应用程序　　　　　　B. 文档是应用程序的附属
　　　C. 文档与应用程序进行了关联　　D. 必须通过这种方法打开应用程序

165. 下列关于选择对象的说法中,错误的说法是(　　)。
　　　A. 按住 Ctrl 键,单击一个选中的项目即可取消选定
　　　B. 现已选中一些对象,通过"编辑"|"反向选择"菜单选项可以选定所有先前没有选中的对象
　　　C. 单击第一项后按住 Shift 键,再单击最后一个要选定的项,最多选中两个文件

D. 按住鼠标左键拖拽鼠标,当出现一个虚线框后松开鼠标,虚线框中所有文件被选中

166. 在 Windows 的中文标点符号状态下,按下(　　)键可以输入中文标点符号顿号(、)。

　　A. ~　　　　　　　　　　　B. &
　　C. \　　　　　　　　　　　D. |

167. 在 Windows 环境中,鼠标是重要的输入工具,而键盘(　　)。

　　A. 仅能配合鼠标,在输入中起辅助作用
　　B. 无法起作用
　　C. 仅能用于菜单操作,不能在窗口中操作
　　D. 能完成几乎所有的操作

168. Windows 桌面的背景可以称为"墙纸",下列类型文件中,不能做为墙纸文件的是(　　)。

　　A. .bmp　　　　　　　　　　B. .gif
　　C. .jpg　　　　　　　　　　D. .ppt

169. 当计算机安装了大量的应用程序或其他文件后,用户可能不断地删除一些不用的应用程序并安装一些新的应用程序,这样,一个应用程序文件可能不存储在连续的空间(簇)里,而插空存储在不同的硬盘位置里,随着不断的使用和操作,系统性能就会显著下降,此时应该进行(　　)。

　　A. 磁盘查错　　　　　　　　B. 磁盘备份
　　C. 磁盘清理　　　　　　　　D. 磁盘碎片整理

170. 在 Windows 中,打开(　　)窗口可以查看本机上所有磁盘的状态,快速完成对磁盘分区的删除、创建、格式化,实施本地用户和组的添加、修改和删除等一系列操作处理。

　　A. 系统信息　　　　　　　　B. 此电脑
　　C. 计算机管理　　　　　　　D. 资源管理器

A.3　计算机网络

1. 我国第一条与国际互联网连接的专线,是从中科院高能所到美国斯坦福大学线性加速器中心,它建成于(　　)。

　　A. 1989 年 6 月　　　　　　　B. 1991 年 6 月
　　C. 1993 年 6 月　　　　　　　D. 1995 年 6 月

2. 计算机网络中共享资源主要是指(　　)。

　　A. 主机、程序、通信信道和数据　　　　B. 主机、外部设备、通信信道和数据
　　C. 软件、外部设备和数据　　　　　　D. 软件、硬件、数据和通信信道

3. 关于计算机网络的描述,错误的是(　　)。

　　A. 建立计算机网络的主要目的是实现计算机资源的共享
　　B. 互连的计算机各自是独立的,没有主从之分

C. 各计算机之间要实现互连,只需有相关的硬件设备即可
D. 计算机网络是计算机技术与通信技术相结合的产物

4. 按覆盖的地理范围进行分类,计算机网络可以分为(　　)三类。
　　A. 局域网、广域网与 x.25 网　　　　B. 局域网、广域网与宽带网
　　C. 局域网、广域网与 ATM 网　　　　D. 局域网、广域网与城域网

5. 计算机网络拓扑是通过网中结点与通信线路之间的几何关系表示网络结构,反映出网络中各实体间的(　　)。
　　A. 结构关系　　　　　　　　　　　B. 主从关系
　　C. 接口关系　　　　　　　　　　　D. 层次关系

6. 决定局域网特性的主要技术要素包括(　　)、传输介质与介质访问控制方法。
　　A. IP 地址　　　　　　　　　　　　B. 网络拓扑结构
　　C. DNS　　　　　　　　　　　　　D. MAC 地址

7. 从 www.uste.edu.cn 可以看出,它是中国的一个(　　)的站点。
　　A. 政府部门　　　　　　　　　　　B. 教育部门
　　C. 军事部门　　　　　　　　　　　D. 工商部门

8. 电子邮件地址包括用户名和(　　)。
　　A. 收信人地址　　　　　　　　　　B. 邮件服务器主机名
　　C. 邮件体　　　　　　　　　　　　D. 发信人地址

9. 采用点对点线路的通信子网的基本拓扑结构有 4 种类型,它们是(　　)。
　　A. 星形、环形、树状和网状　　　　B. 总线、环形、树状和网状
　　C. 星形、总线、树状和网状　　　　D. 星形、环形、树状和总线

10. IPv6 的地址长度为 16B,是 IPv4 地址长度的(　　)倍。
　　A. 2　　　　　B. 4　　　　　C. 6　　　　　D. 8

11. 网络中常用的传输介质是(　　)。
　　① 双绞线　　　　　　　　　　　　② 同轴电缆
　　③ 光纤　　　　　　　　　　　　　④ 无线与卫星通信信道
　　A. ①③④　　　　　　　　　　　　B. ②③④
　　C. ①②③　　　　　　　　　　　　D. 全部

12. 常用的传输介质中,高传输率、高传输带宽、信号传输衰减小、抗干扰能力强的是(　　)。
　　A. 双绞线　　　　　　　　　　　　B. 光纤
　　C. 同轴电缆　　　　　　　　　　　D. 无线信道

13. 将应用程序、数据文件等随电子邮件文本一起发送出去的工作方式称为(　　)。
　　A. 编辑电子邮件文本　　　　　　　B. 上传文件
　　C. 发送邮件　　　　　　　　　　　D. 附件发送

14. 每一对双绞线由绞合在一起的相互绝缘的两根铜线组成。下列关于双绞线的叙述中,错误的是(　　)。
　　A. 可以传输模拟信号,也可以传输数字信号
　　B. 安装方便,价格便宜

C. 不易受外部干扰,误码率低

D. 通常只用作建筑物内的局部网通信介质

15. 局域网中双绞线的最大传输距离是(　　)米。
    A. 100   B. 10
    C. 1000   D. 50

16. 调制解调器(modem)的作用是实现(　　)之间的相互转换。
    A. 并行信号与串行信号   B. 数字信号与模拟信号
    C. 高压信号与低压信号   D. 交流信号与直流信号

17. Web检索工具是人们获取网络信息资源的主要检索工具和手段。下列不属于检索工具基本类型的是(　　)。
    A. 语音应答系统   B. 搜索引擎
    C. 多元搜索引擎   D. 目录型检索工具

18. 对于星形拓扑结构,下列说法不正确的是(　　)。
    A. 星形网络结构一旦建立通道链接,就可以无延迟地在连通的两个站点之间传送数据
    B. 星形拓扑是由中央结点和通过点到通信链路接到中央结点的各个站点组成的网络结构
    C. 星形网采用的交换方式是电路交换和报文交换,尤以报文交换更为普遍
    D. 在星形网络中,中央结点较为复杂,而各个站点的通信处理负担都很小

19. 调制解调器的传输速率单位"b/s",是指每秒传递的(　　)。
    A. 二进制位数   B. 字节数
    C. 字符数   D. 帧数

20. 在计算机网络体系结构中,采用分层结构的理由是(　　)。
    A. 可以简化计算机网络的实现
    B. 各层功能相对独立,各层因技术进步而做的改动不会影响到其他层,从而保持体系结构的稳定性
    C. 比模块结构好
    D. 只允许每层和其上下相邻层发生联系

21. 一旦中心结点出现故障,则整个网络瘫痪的局域网的拓扑结构是(　　)。
    A. 星形结构   B. 树状结构
    C. 总线结构   D. 环形结构

22. 文件传输使用的协议是(　　)。
    A. SMTP   B. FTP
    C. UDP   D. Telnet

23. 有关文件传输的工作过程,描述不正确的是(　　)。
    A. FTP服务采用的是典型的客户/服务器工作模式
    B. 文件可以上传也可以下载
    C. FTP服务是一种实时的联机服务,登录时必须有合法账号和口令
    D. 以上都正确

24. FTP 是实现文件在网上的（　　）。
    A. 允许没有账户的用户登录服务器,通常只能浏览并下载文件,不能上传文件
    B. 有账户的用户才能登录到服务器
    C. 只能上传,不能下载
    D. 免费提供 Internet

25. 交换式局域网的核心设备是（　　）。
    A. 中继器   B. 局域网交换机
    C. 集线器   D. 路由器

26. 下面选项中关于交换机的描述错误的是（　　）。
    A. 高交换传输延迟   B. 高传输带宽
    C. 允许 10Mb/s 或 100Mb/s 共存   D. 支持虚拟局域网服务

27. 以匿名方式访问 FTP 服务器时的合法操作是（　　）。
    A. 文件下载   B. 文件上传
    C. 运行应用程序   D. 终止网上运行的程序

28. 有关交换机与集线器的区别,描述错误的是（　　）。
    A. 交换机与集线器都能够满足目前用户对数据高速交换的需求
    B. 交换机(switch)工作在数据链路层,根据 MAC 地址对数据帧进行转发
    C. 集线器(hub)工作在物理层,不提供数据交换的功能
    D. 交换机能够为任意两个网络结点之间提供一条数据通道,防止了冲突的产生

29. 关于网卡叙述错误的是（　　）。
    A. 是构成网络的基本部件   B. 仅通过双绞线与其他设备互连
    C. 连接网络中的传输介质   D. 连接网络中的其他设备

30. 按照现有常用网卡的传输速率,下列错误的是（　　）。
    A. 1Mb/s 网卡   B. 10Mb/s 网卡
    C. 100Mb/s   D. 1000Mb/s 网卡

31. 关于对等局域网操作系统描述错误的是（　　）。
    A. 所有的联网结点地位平等,操作系统软件相同
    B. 至少有一台服务器
    C. 前台为本地用户提供服务,后台为其他结点的网络用户提供服务
    D. 资源也可以相互共享

32. 要将十几台计算机组建一个对等网,每台计算机内至少有一个（　　）。
    A. 声卡   B. 显示卡
    C. 内置调制解调器   D. 网卡

33. 在非对等局域网中,用户入网是登录到（　　）。
    A. 服务器   B. 工作站
    C. Interne   D. WWW

34. Internet 上帮助筛选、查找所需的网页地址或其他资源的工具,通常被称为（　　）。
    A. 网络导航   B. 搜索引擎
    C. 推(push)技术   D. 检索工具

35. 搜索引擎是人们获取网络信息资源的主要工具,在常用的检索功能中不包括(　　)。
    A. 语音检索　　　　　　　　　B. 词组检索
    C. 布尔逻辑检索　　　　　　　D. 截词检索
36. 搜索引擎向用户提供两种信息查询服务方式:目录检索和(　　)服务。
    A. 路由器选择　　　　　　　　B. IP 地址选择
    C. 关键字检索　　　　　　　　D. 索引查询
37. 关于局域网的说法,错误的是(　　)。
    A. 具有高数据传输率、低误码率
    B. 局域网内的数据通信设备只包括计算机
    C. 覆盖有限的地理范围
    D. 易于建立、维护与扩展
38. 为网络数据交换而制定的规则、约定和标准被称为(　　)。
    A. 接口　　　　　　　　　　　B. 网络协议
    C. 拓扑结构　　　　　　　　　D. TCP 参考模型
39. 局域网的软件部分主要包括(　　)。
    A. 服务器操作系统和网络应用软件　　B. 网络操作系统和网络应用软件
    C. 网络传输协议和网络应用软件　　　D. 网络数据库管理系统和工作站软件
40. 基于文件服务的局域网操作系统软件一般分为两个部分,即工作站软件与(　　)。
    A. 浏览器软件　　　　　　　　B. 网络管理软件
    C. 服务器软件　　　　　　　　D. 客户机软件
41. 计算机网络操作系统目前有三大系列,下列不是网络操作系统的是(　　)。
    A. DOS　　　　　　　　　　　B. Windows NT
    C. UNIX　　　　　　　　　　 D. NetWare
42. 在下列任务中,网络操作系统的基本任务是(　　)。
    ① 屏蔽本地资源与网络资源之间的差异
    ② 为用户提供基本的网络服务功能
    ③ 管理网络系统的共享资源
    ④ 提供网络系统的安全服务
    A. ①②　　　　　　　　　　　B. ①③
    C. ①②③　　　　　　　　　　D. 全部
43. 以下不是网络操作系统提供的服务的是(　　)。
    A. 文件服务　　　　　　　　　B. 打印服务
    C. 办公自动化服务　　　　　　D. 通信服务
44. 随着计算机的广泛应用,大量的计算机是通过局域网连入到广域网,而局域网与广域网的互联一般是通过(　　)实现的。
    A. Ethernet 交换机　　　　　　B. 路由器
    C. 网桥　　　　　　　　　　　D. 电话交换机
45. 若有多个局域网互连,并希望将局域网的广播信息能很好地隔离开来,那么最简单的方法是采用(　　)。

A. 中继器 B. 网桥
C. 路由器 D. 网关

46. Internet 是全球最具影响力的计算机互连网络,也是世界范围内重要的(   )。
A. 信息资源库 B. 多媒体网
C. 因特网 D. 销售网

47. Internet 最先是由美国的(   )网发展和演化而来。
A. ARPANET B. NSFNET
C. CSNET D. BITNET

48. 如果没有特殊声明,匿名 FTP 服务登录密码为(   )。
A. User B. Anonymous
C. Guest D. 用户自己的电子邮件地址

49. IPv6 是为下一代互联网设计的互联协议。下列关于 IPv6 地址的描述,错误的是(   )。
A. IPv6 地址为 128 位,解决了地址资源不足的问题
B. IPv6 地址中包含了 IPv4 地址,保证地址兼容
C. IPv4 地址存放在 IPv6 地址的高 32 位
D. IPv6 中自环地址为 0:0:0:0:0:0:0:1

50. 关于搜索引擎的描述,错误的是(   )。
A. 搜索引擎是 Internet 上的一个 WWW 服务器
B. 搜索引擎只能搜索本服务器内的内容
C. 用户可以利用搜索引擎在网页中输入关键字来查询信息
D. 搜索引擎提供了指向相关资源的链接

51. Internet 是一个覆盖全球的大型互联网络,它用于连接多个远程网与局域网的互连设备主要是(   )。
A. 网桥 B. 防火墙
C. 主机 D. 路由器

52. 因特网的主要组成部分包括(   )。
A. 通信线路、路由器、主机与信息资源
B. 客户机与服务器、信息资源、电话线路、卫星通信
C. 卫星通信、电话线路、客户机与服务器、路由器
D. 通信线路、路由器、TCP/IP

53. Internet 是国际互连网络,(   )不是它所提供的服务。
A. E-mail B. Telnet
C. 故障诊断 D. 信息查询

54. Internet 上的 3 个传统的基本应用是(   )。
A. Telnet、E-mail 和 SNMP B. Telnet、POP3 和 FTP
C. WWW、FTP 和 Telnet D. WWW、BBS 和 SNMP

55. Internet 是连接全球信息的重要网络,但它的骨干技术源自(   )。
A. 英国 B. 美国

C. 日本　　　　　　　　　　　D. 中国

56. 关于搜索引擎结果,叙述正确的是(　　)。
   A. 搜索的关键字越长,搜索的结果越多
   B. 搜索的关键字越简单,搜索到的内容越少
   C. 要想快速达到搜索目的,搜索的关键字尽可能具体
   D. 搜索的类型对搜索的结果没有影响

57. 目前,不是国内 Internet 四大骨干互联网络的是(　　)。
   A. 中国教育和科研计算机网　　　B. 中国新闻网
   C. 中国科技网　　　　　　　　　D. 中国公用计算机互联网

58. 在搜索引擎中,下列处理返回结果太多的方法,错误的是(　　)。
   A. 尽可能将搜索范围限制在特定的领域中
   B. 用更特定的词汇
   C. 用 AND 或 NOT 增加限制性词汇
   D. 加上一些同义词,用 OR 连接

59. 连接打印设备并安装打印驱动程序的计算机,负责处理来自客户端的打印任务,是(　　)。
   A. 网络打印机　　　　　　　　　B. 网络打印服务器
   C. 本地打印机　　　　　　　　　D. 打印队列

60. 关于宽带网的一些说法,错误的是(　　)。
   A. 可以实现视频点播
   B. 可以进行虚拟现实
   C. 很好地解决下载时间漫长、费用昂贵等问题
   D. 光纤是其唯一的传输介质

61. 在中文搜索引擎中,关键字之间加空格,作用和(　　)相同。
   A. AND　　　　　　　　　　　　B. OR
   C. NOT　　　　　　　　　　　　D. TATLE

62. 如果不知道要查询的网站的网址,最好的选择办法是(　　)。
   A. 漫无边际的搜寻　　　　　　　B. 使用搜索引擎
   C. 更换另一浏览软件　　　　　　D. 关机重新开机

63. 目前最完整、最广泛被支持的协议是(　　)。
   A. NetBEUI　　　　　　　　　　B. TCP/IP
   C. IPX　　　　　　　　　　　　D. NWLink

64. 网络中实现远程登录的协议是(　　)。
   A. HTTP　　　　　　　　　　　B. FTP
   C. POP3　　　　　　　　　　　D. Telnet

65. 为了防止局域网外部用户对内部网络的非法访问,可采用的技术是(　　)。
   A. 网关　　　　　　　　　　　　B. 网卡
   C. 防火墙　　　　　　　　　　　D. 网桥

66. TCP 的含义是(　　)。

A. 局域网传输协议 B. 拨号入网传输协议
C. 传输控制协议 D. OSI 协议集

67. 对 IP 地址错误描述的是（　　）。
    A. 网上的通信地址 B. 服务器的端口地址
    C. 客户机的物理地址 D. 路由器的端口地址

68. IP 地址能够唯一地确定 Internet 上计算机的（　　）。
    A. 距离 B. 时间
    C. 位置 D. 费用

69. IP 地址有两部分组成，一部分是（　　）地址，另一部分是主机地址。
    A. 网络 B. 路由器
    C. 工作站 D. 终端

70. 在 IP 地址 202.102.83.76 中，主机地址是（　　）。
    A. 202 B. 202.102
    C. 202.102.83 D. 76

71. 下列 IP 地址中，B 类地址是（　　）。
    A. 10.10.10.1 B. 192.168.0.1
    C. 191.168.0.1 D. 202.113.0.1

72. B 类 IP 地址默认的子网掩码是（　　）。
    A. 255.0.0.0 B. 255.255.0.0
    C. 255.255.255.0 D. 255.255.255.255

73. 下列 IP 地址中，C 类地址是（　　）。
    A. 238.125.13.110 B. 128.108.111.2
    C. 202.199.1.35 D. 10.10.5.168

74. IP 地址中，关于 C 类 IP 地址的说法，正确的是（　　）。
    A. 可用于中型规模的网络
    B. 在一个网络中最多只能连接 256 台设备
    C. 此类 IP 地址用于多目的地址传送
    D. 此类地址保留为今后使用

75. IPv4 版本的因特网，A 类网络地址有（　　）个。
    A. 65000 B. 200 万
    C. 126 D. 128

76. DNS 的中文含义是（　　）。
    A. 域名解析服务 B. 打印服务
    C. 文件传输服务 D. 资源共享

77. 域名服务使用的是（　　）协议。
    A. SMTP B. FTP
    C. DNS D. Telnet

78. 域名服务器的作用是（　　）。
    A. 保存域名 B. 管理域名

C. 将收到的域名解析为 IP 地址　　　　D. 为 IP 地址起名

79. 关于域名管理系统(domain name system)的说法,错误的是(　　)。
   A. 负责域名到 IP 的地址变换
   B. 是一个中央集权式的管理系统
   C. 实现域名解析要依赖于本地的 DNS 数据库
   D. 实现域名解析要依赖于域名分解器与域名服务器这两个管理软件

80. 在 Telnet 中,程序的(　　)。
   A. 执行和显示均在远程计算机上
   B. 执行和显示均在本地计算机上
   C. 执行在本地计算机上,显示在远程计算机上
   D. 执行在远程计算机上,显示在本地计算机上

81. 在因特网域名中,edu 通常表示(　　)。
   A. 商业组织　　　　　　　　　　B. 教育机构
   C. 政府部门　　　　　　　　　　D. 军事部门

82. www.zzu.edu.cn 不是 IP 地址,而是(　　)。
   A. 硬件编号　　　　　　　　　　B. 域名
   C. 密码　　　　　　　　　　　　D. 软件编号

83. Telnet 是把本地计算机连到网络上另一台远程计算机上进行访问,Telnet 无法做到的是(　　)。
   A. 共享远程计算机上的应用软件　　B. 共享远程计算机上的图片
   C. 控制远程计算机的电源开关　　　D. 共享远程计算机上的全部数据

84. 对用户访问 Internet 的速度没有直接影响的是(　　)。
   A. 调制解调器的速率　　　　　　B. ISP 的出口带宽
   C. 被访问服务器的性能　　　　　D. ISP 的位置

85. URL(uniform resource locator,统一资源定位符)的含义是(　　)。
   A. 浏览软件　　　　　　　　　　B. 文件名称
   C. 网上资源的地址　　　　　　　D. 操作系统

86. 计算机网络具备的最主要特点是(　　)。
   A. 传输数字信息快捷　　　　　　B. 远程登录
   C. 网络距离短　　　　　　　　　D. 资源共享

87. URL 即统一资源定位器。URL 格式为(　　)。
   A. 协议名://IP 地址和域名
   B. 协议名:\\Ip 地址和域名
   C. 协议名:\\IP 地址或域名
   D. 协议名://IP 地址或域名

88. 连接郑州大学的主页 www.zzu.edu.cn,操作错误的是(　　)。
   A. 在地址栏中输入"www.zzu.edu.cn"
   B. 在地址栏中输入"http://www.zzu.edu.cn"
   C. 选中"开始"|"运行"菜单命令,在弹出的对话框中输入"http://www.zzu.edu.cn"

D. 在地址栏中输入"gopher://www.zzu.edu.cn"

89. MAC 地址又称网卡地址,用于在物理上标识主机。下列正确的 MAC 地址是(　　)。

   A. 00-02-60-07-A1-1C

   B. 01-02-6G-70-A1-EC

   C. 202.196.1.32

   D. A2-16

90. 下列对总线拓扑网络结构说法错误的是(　　)。

   A. 采用总线拓扑网络,一次只能由一个设备传输信号

   B. 总线拓扑结构任何一个站发送的信号都沿着传输媒体传输,而且能被所有其他站所接收

   C. 总线拓扑结构通常采用分布式控制策略来确定哪个站点可以发送

   D. 采用总线拓扑结构的缺点是电缆长度和安装工作量可观

91. 用户计算机通过连入局域网上网时,通常需要完整地设置(　　)。

   A. 用户计算机 IP 地址、网关 IP 地址、DNS 配置和子网掩码

   B. 用户计算机 IP 地址和 DNS

   C. 网关 IP 地址和子网掩码

   D. 网关 IP 地址、DNS 配置和子网掩码

92. 若要将一个本地网络与一个远程网络相连,必须(　　)。

   A. 在本地安装一个网桥

   B. 在远程安装一个网桥

   C. 在互连网端各装一个网桥

   D. 在两端分别使用调制解调器

93. 属于无线传输媒体的是(　　)。

   A. 光纤　　　　　　　　　　B. 微波通信

   C. 同轴电缆　　　　　　　　D. 双绞线

94. 广泛应用于网络的智能集中于中央结点场合的拓扑结构是(　　)。

   A. 总线拓扑　　　　　　　　B. 树状拓扑

   C. 网络拓扑　　　　　　　　D. 星形拓扑

95. 要把学校里行政楼和实验楼的局域网互连,可以通过(　　)实现。

   A. 网卡　　　　　　　　　　B. 中继器

   C. 交换机　　　　　　　　　D. MODEM

96. C 类 IP 地址的最高 3 位,从高到低依次是(　　)。

   A. 010　　　　　　　　　　B. 110

   C. 100　　　　　　　　　　D. 101

97. 以下传输介质性能最好的是(　　)。

   A. 同轴电缆　　　　　　　　B. 双绞线

   C. 光纤　　　　　　　　　　D. 电话线

98. 对于主机域名 for.zj.edu.cn 来说,其中(　　)表示主机名。

   A. for　　　　　　　　　　B. zj

C. edu   D. cn

99. ADSL 技术主要解决的问题是（　　）。
　　A. 宽带传输   B. 宽带接入
　　C. 宽带交换   D. 高速数据通信和交互视频

100. 一般而言，Internet 防火墙建立在一个网络的（　　）。
　　A. 内部子网之间传送信息的中枢   B. 每个子网的内部
　　C. 内部网络与外部网络的交接处   D. 部分网络和外部网络的结合处

101. Ethernet 采用的媒体访问控制方式是（　　）。
　　A. CSMA/CA   B. CSMA/CD
　　C. 令牌环   D. 令牌总线

102. 两台计算机利用电话线路传输数据信号时，必备的设备是（　　）。
　　A. 网卡   B. 调制解调器
　　C. 中继器   D. 同轴电缆

103. 在局域网中，MAC 指的是（　　）。
　　A. 物理层
　　B. 数据链路层
　　C. 介质访问控制子层
　　D. 逻辑链路控制子层

104. 关于网卡物理地址描述错误的是（　　）。
　　A. 每块网卡的 MAC 地址具有唯一性
　　B. 由网络设备制造商生产时写在网卡内部
　　C. 以二进制表示，地址则是 48 位
　　D. 通常表示为 12 个八进制数

105. 可以用来显示网卡 MAC 地址的命令是（　　）。
　　A. ipconfig /all   B. ipconfig
　　C. macdsp   D. ping 127.0.0.1

106. 对于一个内部网络，测试网络线路是否正常的命令是（　　）。
　　A. ping 本机 IP 地址   B. ping 内部网络上的其他微型计算机
　　C. ping 已知的域名   D. ping 外部网络的 IP 地址

107. Internet 与 WWW 的关系是（　　）。
　　A. 都是互联网只是名称不同
　　B. Internet 与 WWW 没有关系
　　C. WWW 只是 Internet 上的一个应用功能
　　D. WWW 就是 Internet

108. WWW 服务是 Internet 上最方便与最受欢迎的（　　）。
　　A. 数据计算方法   B. 信息服务类型
　　C. 数据库   D. 费用方法

109. 万维网（WWW）信息服务是 Internet 上的一种最主要的服务形式，它进行工作的方式是基于（　　）。

A. 单机 B. 浏览器/服务器
C. 对称多处理机 D. 客户机/服务器

110. 在 WWW 服务中,用户的信息检索可以从一台 Web Server 自动链接到另一台 Web Server,它所使用的技术是(   )。
A. hyperlink B. hypertext
C. hypermedia D. HTML

111. http://(hypertext transfer protocol)的含义是(   )。
A. 超文本传输协议 B. E 盘名称
C. 网站地址 D. 应用软件

112. 关于"超文本"描述错误的是(   )。
A. "超文本"(hypertext)是指在普通文本中加入若干"超链"
B. 通常使用超文本标记语言(hyper text markup language)书写
C. 单击超链接可以轻而易举地进入超链接所指向的网页
D. 超链接所能指向的网页只能是同一站点的另一页

113. 系统对 WWW 网页存储的默认格式是(   )。
A. PPT B. TXT
C. HTML 或 HTM D. DOC

114. 以下 4 个 WWW 网址中,不符合书写规则的是(   )。
A. www.163.com B. www.nk.cn.edu
C. www.863.org.cn D. www.tj.net.jp

115. 网络防火墙的作用是(   )。
A. 建立内部信息和功能与外部信息和功能之间的屏障
B. 防止系统感染病毒与非法访问
C. 防止黑客访问
D. 防止内部信息外泄

116. 在浏览器的(   )里输入 Web 地址,浏览器就会打开相应网页。
A. 地址 B. 工具
C. 历史 D. 刷新

117. 在浏览器中输入地址"www.zzu.edu.cn"时,IE 将自动加上(   )。
A. http:// B. ftp://
C. gopher:// D. telnet

118. 关于使用浏览器上网的叙述,错误的是(   )。
A. 单击"后退"按钮可以访问刚才访问过的最后一页
B. 单击"停止"按钮将关闭 IE 窗口
C. 单击"刷新"按钮可以显示刚才网页中无法显示或显示不完全的图片
D. "历史"菜单中全都是以前访问过的网址

119. 在浏览器中,如果"后退"按钮是灰色的,则表明(   )。
A. 浏览器出了问题 B. 网站出了问题
C. 网络连接不正常 D. 当前页是本次浏览的第一页

120. 单击浏览器工具栏上的"停止"按钮将会(   )。

    A. 断开与 Internet 的连接   B. 退出浏览器

    C. 关闭浏览器   D. 停止正在取回的当前文件

121. 在浏览器中右击网页中的某链接,在弹出的快捷菜单中选中"目标另存为"菜单项后,所保存的是(   )。

    A. 当前打开页本身   B. 当前打开页及用户指向的链接页

    C. 链接页的副本   D. 链接的快捷方式

122. 当超链接的目标是一个 E-mail 地址,单击此链接时 Web 浏览器(   )。

    A. 在窗口中自动打开此 E-mail 邮箱

    B. 自动打开邮件客户程序,准备发送邮件

    C. 自动打开邮件客户程序,并打开此 E-mail 邮箱

    D. 直接将当前 Web 页发送到此 E-mail 邮箱中

123. 下面对局域网特点的说法中不正确的是(   )。

    A. 误码率低

    B. 局域网拓扑结构规则

    C. 可用通信介质较少

    D. 范围有限、用户个数有限

124. 将链接目标在新窗口中打开,最简便的方法是(   )。

    A. 在 IE 中选中"文件"|"新建"|"窗口"菜单项

    B. 在单击链接的同时按住 Shift 键

    C. 再打开一个 IE 浏览器窗口

    D. 直接单击热键

125. 将一个局域网连入 Internet,首选的设备是(   )。

    A. 网关   B. 网桥

    C. 路由器   D. 中继器

126. 保存喜欢的 Web 页或站点时,可使用浏览器提供的(   )功能保存其地址。

    A. 收藏夹   B. 通讯簿

    C. 历史记录   D. 站点过滤

127. 对事先已下载的网页进行浏览的方式称为(   )。

    A. 保存网页   B. 在线浏览

    C. 预定下载   D. 脱机浏览

128. 在 Internet 上浏览时,浏览器和 WWW 服务器之间传输网页使用的协议是(   )。

    A. IP   B. HTTP

    C. FTP   D. Telnet

129. 关于打印 Web 页的内容,叙述错误的是(   )。

    A. 可以按照屏幕的显示进行全屏打印

    B. 可以打印所选定的内容

    C. 不可以打印所链接的网页

    D. 可以指定打印页眉和页脚中的附加信息

130. 对网页上一段感兴趣的图文信息,保存到本地硬盘的最好方法是(　　)。
    A. "全选"该段信息,然后在右键快捷菜单选中"目标另存为",保存到本地硬盘
    B. 文字、图片分开来复制
    C. 选中"文件"|"另存为"菜单项,保存为 Web 页格式
    D. 保存这个文件的源代码即可

131. 下列有关计算机网络叙述错误的是(　　)。
    A. 以接入的计算机多少可以将网络划分为广域网、城域网和局域网
    B. 利用 Internet 网可以使用远程的超级计算中心的计算机资源
    C. 计算机网络是在通信协议控制下实现的计算机互联
    D. 建立计算机网络的最主要目的是实现资源共享

132. TCP/IP 体系结构中与 ISO-OSI 参考模型的 1、2 层对应的是(　　)。
    A. 传输层
    B. 应用层
    C. 互联网络层
    D. 网络接口层

133. 下列说法错误的是(　　)。
    A. 电子邮件是 Internet 提供的一项最基本的服务
    B. 可发送的多媒体信息只有文字和图像
    C. 电子邮件具有快速、高效、方便、价廉等特点
    D. 通过电子邮件,可向世界上任何一个角落的网上用户发送信息

134. 正确断开计算机与网络连接的方法是(　　)。
    A. 拔掉主机电源
    B. 拔掉网络适配器上的网线
    C. 重新启动计算机
    D. 双击桌面右下角任务栏中表示网络连接状态的图标后,单击"禁用"按钮

135. 关于电子邮件系统所提供的服务功能,叙述错误的是(　　)。
    A. 是一种快捷、廉价的现代化通信手段
    B. 可以传输各种格式的文本信息
    C. 可以传输图像、声音、视频
    D. 不能进行账号、邮箱与通讯簿管理

136. 在因特网电子邮件系统中,使用的电子邮件应用程序使用的协议是(　　)。
    A. 发送邮件和接收邮件通常都使用 SMTP
    B. 发送邮件通常使用 SMTP,而接收邮件通常使用 POP3
    C. 发送邮件通常使用 POP3,而接收邮件通常使用 SMTP
    D. 发送邮件和接收邮件通常都使用 POP3

137. 下列有关电子邮件的描述,错误的是(　　)。
    A. 电子邮件服务又称 E-mail 服务
    B. 电子邮件属于 Internet 提供的一种服务
    C. 发送或接收电子邮件必须先打开浏览器

D. 用户必须先要有自己的电子邮件账户才能向其他人发送电子邮件

138. 不属于防火墙的功能的是(　　)。
    A. 控制对特殊站点的访问　　　　B. 过滤掉不安全的服务和非法用户
    C. 防止雷电侵害　　　　　　　　D. 监视 Internet 安全和预警

139. 下列对 E-mail 的描述中,正确的是(　　)。
    A. 不能给自己发送 E-mail　　　　B. 一封 E-mail 只能发给一个人
    C. 不能将 E-mail 转发给他人　　　D. 一封 E-mail 能发送给多个人

140. 在收发电子邮件过程中,有时收到的电子邮件有乱码,其原因是(　　)。
    A. 图形图像信息与文字信息的干扰　B. 声音信息与文字信息的干扰
    C. 计算机病毒的原因　　　　　　D. 汉字编码的不统一

141. 当电子邮件带有一个"别针"图标,表示该邮件(　　)。
    A. 要回复　　　　　　　　　　　B. 有附件
    C. 很重要　　　　　　　　　　　D. 只有图像

142. 下列关于 IP 地址的说法中,错误的是(　　)。
    A. IP 地址一般用点分十进制表示
    B. 同一个网络中不能有两台计算机的 IP 地址相同
    C. 地址 205.106.286.36 是一个非法的 IP 地址
    D. 一个 IP 地址只能标识网络中的唯一的一台计算机

附录 B

补充练习参考答案

1. 计算机基本知识

1. B	2. A	3. A	4. C	5. A	6. C	7. A	8. C	9. A	10. C
11. A	12. B	13. A	14. C	15. A	16. B	17. B	18. B	19. A	20. A
21. D	22. C	23. C	24. D	25. C	26. D	27. C	28. B	29. D	30. A
31. D	32. D	33. D	34. A	35. C	36. A	37. D	38. A	39. C	40. D
41. B	42. A	43. D	44. A	45. B	46. A	47. D	48. C	49. B	50. B
51. D	52. D	53. B	54. D	55. B	56. D	57. A	58. D	59. C	60. D
61. D	62. B	63. A	64. C	65. B	66. D	67. A	68. B	69. C	70. A
71. D	72. D	73. D	74. C	75. D	76. A	77. A	78. B	79. C	80. B
81. B	82. D	83. C	84. B	85. C	86. B	87. C	88. B	89. A	90. A
91. A	92. D	93. B	94. D	95. A	96. A	97. C	98. B	99. A	100. B
101. B	102. A	103. D	104. D	105. B	106. A	107. B	108. C	109. C	110. D
111. B	112. A	113. A	114. C	115. B	116. C	117. B	118. A	119. A	120. B
121. D	122. D	123. C	124. A	125. D	126. D	127. C	128. B	129. B	130. D
131. B	132. D	133. B	134. B	135. D	136. A	137. A	138. B	139. C	140. B
141. C	142. A	143. A							

2. Windows 及 Office

1. C	2. B	3. B	4. B	5. D	6. C	7. C	8. D	9. D	10. A
11. D	12. D	13. B	14. A	15. D	16. C	17. B	18. B	19. A	20. D
21. D	22. D	23. D	24. B	25. A	26. C	27. C	28. D	29. D	30. D
31. B	32. C	33. C	34. C	35. A	36. A	37. B	38. B	39. A	40. A
41. C	42. C	43. D	44. C	45. D	46. D	47. D	48. D	49. C	50. A
51. C	52. B	53. A	54. D	55. D	56. C	57. A	58. C	59. A	60. C
61. B	62. D	63. C	64. A	65. D	66. D	67. D	68. C	69. C	70. A
71. D	72. D	73. D	74. C	75. B	76. B	77. B	78. B	79. C	80. C
81. A	82. C	83. B	84. C	85. D	86. B	87. C	88. C	89. C	90. C
91. B	92. D	93. B	94. A	95. D	96. A	97. D	98. A	99. B	100. A
101. B	102. A	103. D	104. D	105. A	106. C	107. B	108. D	109. B	110. C

111. D 112. C 113. C 114. C 115. B 116. D 117. C 118. B 119. C 120. A
121. C 122. B 123. A 124. C 125. A 126. B 127. C 128. A 129. D 130. B
131. B 132. D 133. C 134. C 135. C 136. C 137. B 138. B 139. A 140. B
141. B 142. A 143. D 144. C 145. D 146. D 147. C 148. D 149. D 150. B
151. B 152. C 153. A 154. D 155. A 156. A 157. B 158. A 159. B 160. A
161. C 162. A 163. B 164. C 165. C 166. C 167. C 168. D 169. D 170. C

3. 计算机网络

1. B 2. D 3. C 4. D 5. A 6. B 7. B 8. D 9. A 10. B
11. D 12. B 13. D 14. C 15. A 16. B 17. A 18. C 19. A 20. B
21. A 22. B 23. C 24. A 25. B 26. A 27. A 28. A 29. B 30. A
31. B 32. D 33. A 34. B 35. C 36. C 37. B 38. B 39. B 40. C
41. A 42. D 43. C 44. B 45. C 46. A 47. A 48. D 49. C 50. B
51. D 52. A 53. C 54. C 55. B 56. C 57. B 58. D 59. B 60. D
61. A 62. B 63. B 64. D 65. C 66. C 67. C 68. C 69. A 70. D
71. C 72. B 73. C 74. B 75. C 76. A 77. C 78. C 79. B 80. A
81. B 82. B 83. C 84. D 85. C 86. D 87. D 88. B 89. A 90. D
91. A 92. C 93. B 94. D 95. C 96. B 97. C 98. A 99. D 100. C
101. B 102. B 103. C 104. D 105. A 106. B 107. C 108. B 109. D 110. A
111. A 112. D 113. C 114. B 115. A 116. A 117. A 118. B 119. D 120. D
121. C 122. B 123. C 124. B 125. C 126. A 127. D 128. B 129. C 130. C
131. A 132. D 133. B 134. D 135. D 136. B 137. C 138. C 139. D 140. D
141. B 142. C

图书资源支持

感谢您一直以来对清华版图书的支持和爱护。为了配合本书的使用,本书提供配套的资源,有需求的读者请扫描下方的"书圈"微信公众号二维码,在图书专区下载,也可以拨打电话或发送电子邮件咨询。

如果您在使用本书的过程中遇到了什么问题,或者有相关图书出版计划,也请您发邮件告诉我们,以便我们更好地为您服务。

我们的联系方式:

地　　址:北京市海淀区双清路学研大厦 A 座 714

邮　　编:100084

电　　话:010-83470236　010-83470237

客服邮箱:2301891038@qq.com

QQ:2301891038(请写明您的单位和姓名)

资源下载:关注公众号"书圈"下载配套资源。

书圈

清华计算机学堂

观看课程直播